교과서가 쉬워지는

초등 한자 읽기의 힘

주석

1 〈초등학교 교과서 한자 표기 방안 연구〉 김동일, 서울대, 2016

2 〈한자 습득이 한자어 의미 파악에 미치는 영향 연구〉 전철용, 한국교원대, 2005

초등 한자의 읽기의 힘

초판 1쇄 인쇄 2023년 7월 10일
초판 1쇄 발행 2023년 7월 31일

지은이 김연수
펴낸이 이경희

펴낸곳 빅피시
출판등록 2021년 4월 6일 제2021-000115호
주소 서울시 마포구 월드컵북로 402, KGIT 16층 1601-1호

ISBN 979-11-93128-17-6 03590

교과서가 쉬워지는

초등 한자 읽기의 힘

김연수 지음

빅피시
BIG FISH

이 책을 먼저 읽은 초·중·고 교사들의 추천사

"선생님, 그게 무슨 말이에요?"
초등학교 수업 시간에 아이들에게 가장 많이 듣는 말 중 하나다. 교과서나 교사가 한 말 중에서 의미를 몰라 질문하는 물음이다. 때론 너무 쉬운 낱말인데 질문해서 당황스러웠던 적이 한두 번이 아니다.
아이들을 가르치다 보면 '어휘력이 공부력이다'라는 말이 정말 실감나곤 한다. 어휘력은 공부와 직결된다. 공부를 잘하게 만들기 위해서는 아이의 어휘력부터 올려줘야 한다. 어휘력을 높일 수 있는 가장 좋은 방법은 독서와 한자를 배우는 것이다.
이 책은 한자 교육의 필요성과 방법에 대해 어느 책보다 깊이 있고 바르게 제시하고 있다. 이런 책은 진작에 나와 학부모와 학생들의 혼란을 줄여줬어야 맞다.

- 송재환(서울 동산초등학교 교사, 《초등 사자소학》 저자)

교사이자 엄마로서 한자가 제자들과 8살 아들에게 미친 영향을 절감한 나로서는 공감, 감탄하며 읽은 책이다. 아이의 '보는 눈'을 바꿔줄 한자를 어떻게 만나면 좋을지 세심하게 짚어주신 저자에게 진심으로 감사하다. 부모나 교사가 이 책을 읽고 실천하면, 아이는 인생의 큰 선물을 받게 될 것이다.

- 송은주(서울 언주초등학교 교사, 《나는 87년생 초등교사입니다》 저자)

많은 부모가 문해력이 중요한 것은 알면서도 간과하는 것이 한자다. 부모부터 '한자는 어렵다, 힘들다'는 생각이 있으면 아이가 실생활에서 한자를 편안하게 만나는 기회를 놓치기 쉽다. 이런 부모들을 위해 아이에게 쉽게 한자를 알려주는 방법이 이 책 한 권에 담겨 있다. 문해력을 고민하는 부모, 내 아이에게 더 나은 이해력의 바탕을 만들어주고 싶은 부모에게 이 책을 추천한다.

- 지에스더(광주 선광학교 교사, 《남다른 방구석, 엄마의 새벽 4시》 저자)

'아, 좀 더 빨리 나왔다면 내 아이들과 제자들을 가르치는 데 얼마나 도움이 되었을까?' 하는 아쉬움과 함께 단숨에 읽어내려갔다. 어휘력과 문해력 향상을 위해 한자가 가장 좋은 길잡이임을 말하고 그 방법을 가르쳐주는 이 책은 아이들이 힘들지 않고 쉽게, 그리고 즐겁게 공부하기를 원하는 부모나 교사에게 좋은 지침서가 될 것이다.

- 박선혜(前 광주 문산초등학교 교장)

국어 수업을 하며 요즘 아이들의 어휘력 부족과 문해력 하락을 하루가 다르게 체감하고 있다. 어휘력과 문해력은 단기간에 끌어올릴 수 있는 영역이 아니어서 '대체 어디부터 어디까지 설명을 해줘야 하나' 막막할 때가 많다. 초등 시절부터 차근차근 우리말과 한자어를 습득한 아이들의 미래는 어떨까? 게다가 그 수단이 고전이라면 아이들의 어휘력뿐 아니라 생각의 크기까지 자라날 수 있을 것이다. 아이들에게 한자어를 가장 쉽게 소개하면서 그 의미까지 확장시키는 데 도움이 되는 책으로 이 책을 추천한다.

- 이지연(전남대학교사범대학 부설고등학교 국어 교사)

그동안 한자 교육의 필요성과 문해력의 중요성을 강조하고 다룬 책들은 많았다. 하지만 이 둘을 구체적인 한자 학습법으로, 단계에 맞춰 쉽게 익힐 수 있게 안내해준다는 점이 이 책을 꼭 읽어봐야 할 이유다. 이 책을 길잡이 삼아 자녀와 함께 재미있게 한자 공부를 해나간다면 어느새 아이의 어휘력과 문해력은 수직상승 해 있을 것이다.

- 최아름(파주 지산고등학교 국어 교사)

24개월 딸아이를 둔 영어교사의 발걸음을 서점의 한자 카드 코너로 몰아넣는 신비한 책! 아이의 미래를 걱정하는 사람이라면 누구나 한자 교육에 대해 한 번쯤 생각해보았을 것이다. 이 책은 한자 교육의 필요성을 알려주며 구체적인 방법도 제시한다. 자녀의 꿈과 삶 사이의 간극을 매우 효율적으로 좁혀주는 방법을 찾고 있는 학부모에게 이 책은 필연이다.

- 진유현(세종 양지고등학교 영어 교사)

학생들을 지도하면서 절실하게 느껴지는 게 요즘 아이들의 문해력이 많이 부족하다는 것이다. 꼭 필요한 기본 어휘의 의미를 모르니 학습 내용을 이해하는 속도도 느려지고 있다. 한자 학습이 안 되어 있어 모르는 단어를 유추하여 해석할 수 없다는 점이 원인이다. 이 책은 한자 학습의 필요성, 기초적인 학습 방법, 한자를 활용한 고전 독서법을 상세하게 설명하고 있어 중·고등학교에서 배우게 될 여러 교과의 기초적 소양을 다지는 데 큰 도움이 된다.

- 선용선(광주 첨단고등학교 윤리 교사)

한자 교육의 필요성을 알기 쉽게 이야기해주며, 한자 교육에 대한 작가의 남다른 애정이 돋보이는 책이다.

- 한아름(대전여자고등학교 수학 교사)

한국 부모들은 자녀의 학습에 대한 고민과 걱정이 유독 더 많다. 이 책은 그런 걱정을 유튜브나 스마트폰으로 흘려보내는 대신 현재 상황을 성찰하게 해주고 고민에 대한 많은 힌트를 얻게 해준다. 꼭 읽어보시길 추천한다.

- 진광호(마산중학교 체육 교사)

한자를 알면 아이의 공부가 쉬워진다. 어떻게 시작하면 좋을지 모르겠는 아이의 초등 공부, 이 책을 보면 그 방법을 배울 수 있다.

- 김지선(남양주 별가람중학교 정보 교사)

문해력의 시작은 어휘력이고, 어휘력의 핵심은 한자다. 왜 한자를 배워야 하는지를 고민하고, 어떻게 한자를 공부하면 좋을지를 생각하는 사람들에게 권한다.

- 송유진(화성 반월초등학교 교사)

프롤로그

수학은 연산,
국어는 한자다

아이들에게 한자는 낯선 문자입니다. 한글 전용 시대에 한자를 접할 기회가 많지 않습니다. 그런 아이들에게 금일(今日)이 금요일의 줄임말이고, 신(辛)라면이 '푸라면'으로 보이는 것은 어쩌면 당연한 현상일지 모릅니다. 더구나 한자를 한글과 대척점에 두면서 우리나라에서 사라져야 할 문자쯤으로 취급하기도 하죠. 그러다가 갑자기 한자를 공부하려고 하면 외계어만큼이나 낯설고 배워야 할 동기도 제대로 생기지 않죠.

한문 수업 첫 시간에 아이들에게 '한자' 하면 떠오르는 생각들을 발표해보게 하면 '손이 아프다' '암기'라는 말을 가장 많이 합니다. 그동안의 한자 공부는 주로 한자를 반복해서 쓰고 암기하는 위주의 방식으로 이루어졌습니다. 그래서 아이들은 한자 공부가 더욱 힘들게 느껴졌던 것이죠. 이렇게 어렵고 힘든 공부를 굳이 시켜야 할까? 부모님들도 망설여집니다. 해야 할 것도 많은데 우선순위에서 점점 밀려나게 되죠.

하지만 어릴 때부터 한자를 자연스럽게 접하면서 한자가 한글과 함께 한국어를 이루는 중요한 두 요소라는 것을 알려준다면 아이들에게 한자는 더 이상 낯선 문자만은 아닐 겁니다. 또한 아이들에게 쓰기나 암기 위주의 방식이 아닌, 생활과 학습에서 활용할 수 있는 적절한 방법으로 한자를 공부하게 한다면 아이들에게 한자는 그렇게 힘들기만 한 공부가 아닙니다.

한자를 하나의 과목으로만 생각한다면 입시에 큰 도움이 되는 과목이 아닌 것은 분명합니다. 하지만 중·고등학교에 진학할수록 한자는 하나의 과목이 아니라 학습의 전 영역에 걸쳐 녹아드는 공부의 기본기와 같은 역할을 합니다.

국어 실력을 뒷받침해주는 보이지 않는 힘

고등학교에서는 두세 달에 한 번 정도 모의고사를 봅니다. 1, 2학년 때는 각 시도교육청에서 출제하는 전국연합학력평가, 3학년 때는 교육과정평가원에서 출제하는 6월, 9월 모의평가입니다. 내신과 달리 모의고사는 시험 성적이 공식적으로 활용되지 않습니다. 하지만 전국에서 내 위치가 어떤지 수능처럼 가늠해볼 수 있는 기회이기 때문에 아이들도 마음가짐이 사뭇 다릅니다. 모의고사를 감독하면서 알게 된, 아이들에게 공통으로 나타나는 행동 패턴이 있습니다.

모의고사 때 아이들이 가장 많이 자는 과목은 바로 수학입니다. 시험이 시작되면 얼마 안 가 한두 명씩 엎드립니다. 시간차만 있을 뿐 최상위권 몇 명 빼고는 끝까지 푸는 아이들이 드뭅니다. 하지만 아이들이 끝까지 붙잡고 열심히 푸는 과목은 바로 국어입니다. 국어는 우리말이니 읽을 수 있고, 뭔가 할 수 있겠다 싶어 끝까지 도전합니다. 하지만 어휘와 개념의 장벽 앞에 무너지고 말죠. 아이들에게 만만해 보이지만 가장 까다로운 과목이 바로 국어입니다. 최근 수능에서 만점자가 가장 적은 과목도 바로 국어이지요.

특히 서·논술형이 점점 확대되는 입시제도에서 국어의 중요성은 더욱 커질 겁니다. 국어의 말하기, 읽기, 쓰기 영역이 곧 공부 그 자체이죠. 그런 국어 실력을 뒷받침하는 보이지 않는 힘이 바로 한자입니다.

초등 때 꼭 챙겨야 할 공부의 기초 체력

얼마 전, 지인을 통해 사교육 없이 딸을 의대에 보낸 엄마를 알게 되었습니다. 덕분에 집에 초대를 받아 아이가 공부한 환경을 직접 살펴보고 생활 습관, 공부 방법 등 여러 이야기를 나눌 수 있었습니다. 그분은 초등학교 때 꼭 챙겨야 할 공부로 특히 2가지를 강조했습니다.

"수학은 연산, 국어는 한자다."

많은 엄마들이 수학에서 연산이 중요하다는 것을 잘 알고 저학년 때부터 연산 공부를 따로 시킵니다. 초등 때 연산이 중요한 이유는 당장 수학 시험 100점을 받기 위함이 아니라 중·고등학교 때 필요한 연산의 속도와 정확도 때문이지요. 연산이라는 기본기를 갖추어야 그다음 어려운 공식이나 개념, 사고력 수학도 더 잘 받아들입니다.

국어에서 한자는 수학의 연산과 같은 역할을 합니다. 국어 실력은 어휘라는 토대 위에 쌓입니다. 어휘가 모여 문장이 되고 문장이 모여 글이 됩니다. 어휘력이 탄탄한 아이는 정확하고 빠르게 글을 읽고 문제를 풉니다. 어휘력에서 한자어를 빼놓을 수 없습니다. 특히 학습과 관련된 어휘 대부분은 한자어입니다. 한자어를 이해하려면 한자에 대한 이해가 필수입니다.

아이들의 공부는 초·중·고로 이어지는 긴 레이스입니다. 기본기와 기초 체력이 잘 갖추어져 있어야 끝까지 성공적으로 완주할 수 있습니다. 초등학교 때 한자를 공부한다는 것은 단순히 한자 몇 글자를 더 안다는 것을 의미하지 않습니다. 어휘는 모든 공부의 기본기이며 한자 공부는 그런 기초 체력을 기르는 일입니다.

'우리 아이 한자 공부 어디서부터 어떻게 시작하지?'

이 책은 한자 공부에 관한 부모님들의 이런 현실적인 고민에서부터 출발했습니다.

최근 문해력이 중요해지면서 부모님들의 한자 공부에 대한 관심이 그 어느 때보다 높아졌습니다. 그런 관심과 고민에 대한 구체적이고 실질적인 답을 이 한 권의 책에 담았습니다. 한자 읽기가 어떤 부분에서 힘을 발휘하는지 아이들의 공부에 실질적으로 어떤 도움이 되는지, 제가 그동안 학교 현장에서 수많은 아이들을 만나며 느끼고 터득한 생생한 사례와 함께 제시했습니다.

아이들이 해야 할 공부는 많지만 시간과 에너지는 한정적입니다. 그래서 아이들이 좀 더 효율적으로 한자 공부를 할 수 있도록 초등 한자 300자를 선정했습니다. 이를 중심으로 쉬운 한자에서부터 어휘까지 확장할 수 있는 초등 한자 공부 5단계라는 구체적인 단계별 로드맵을 제시했습니다. 한자 공부에 대한 올바른 방향과 구체적인 팁도 담았습니다.

초등 한자 읽기의 두 축은 '교과서 읽기'와 '고전 읽기'입니다. 어휘력과 문해력을 중심으로 실제 교과서 속 개념어들을 살펴보며 왜 한자를 알면 교과서가 쉬워지는지에 대해 이야기했습니다. 한자를 통해 탄탄한 어휘력을 기른 아이는 교과서 속 개념어에 대한 이해가 깊어집니다. 또한 한자는 고전을 읽게 하는 힘입니다. 《사자소학》《명심보감》《논어》를 중심으로 고전 읽기가 우리 아이의 공부 머리와 마음그릇을 어떻게 키울 수 있는지 구체적인 3단계 독서법과 함께 제시했습니다. 한자 읽기는 아이의 어휘력, 독해력, 사고력을 키워줍니다.

어느 날 수업을 하다가 한 아이가 이런 말을 하더군요.

"선생님, 한자는 꼭 살아있는 거 같아요. 과거의 이야기를 담고 있으면서도 현재 우리가 쓰는 말의 뜻을 더 풍부하게 해주잖아요."

한자를 배우고 읽는다는 것은 아이들에게 놀라운 힘이 됩니다. 교과서가 쉬워지고 공부가 수월해집니다. 이 책이 자녀와 함께 즐겁고 재미있게 한자 공부를 시작하려는 분들께 작은 안내서가 되기를 진심으로 바랍니다.

김연수

차례

4장
공부머리, 마음그릇 모두 키우는 고전 읽기

5장
초등 고전 읽기 3단계

6장
한자 공부는 선택이 아닌 필수다

1장

진짜 공부
잘하는 아이의
비밀 무기

어릴수록 한자에 푹 빠지는 이유

가끔 TV에서 "최연소 한자 신동 탄생, 80개월 아이가 한자 1급 시험 합격" "한자 신동 4세, 1년 만에 한자 500개 암기"와 같은 타이틀을 달고 출연하는 한자 신동들을 보게 됩니다. 그러면 '우리 아이보다 어린데, 또는 몇 살 차이 나지 않는데 벌써 한자를 저만큼 안다고?'라는 생각이 들면서 자연스럽게 우리 아이와 비교하게 되지요. 이런 한자 신동은 블로그나 SNS에서도 심심치 않게 볼 수 있습니다. 3세, 4세에 벌써 한자 카드로 놀면서 한자의 뜻, 음을 척척 맞추는 아이들, 이 아이들은 어떻게 한자를 이토록 잘하게 되었을까요?

몇 년 전, 친한 동료 선생님과 함께 식사를 했습니다. 7세 아들도 데리고 나오셨는데, 그 아이가 음식이 나오길 기다리면서 테이블 위에 깔린 하얀 종이에 한자를 계속 쓰는 겁니다.

"우와, 일곱 살이 이렇게 한자를 쓰다니 정말 대단하네요."

"요즘 아이가 한자 만화책을 몇 권 읽더니 한자에 푹 빠졌어. 종이만 보면 저렇게 한자를 쓰더라고. 한자가 재밌나 봐."

"불어라 바람 풍~, 솟아라 뿔 각! 구석구석 찾아라 찾을 방!"을 외치면서 만화에 빠진 많은 유·초등 아이들은 한자를 참 좋아합니다. 어른들은 오히려 한자를 어렵게 느끼는데 한자를 잘하고 좋아하는 아이들은 왜 이렇게 많은 걸까요? 수많은 한자 신동의 탄생과 어린 아이일수록 한자에 푹 빠지는 이유를 저는 뇌과학에서 찾을 수 있었습니다.

뇌과학은 90년대 초 뇌를 3차원으로 촬영할 수 있는 MRI가 상용화되면서 불과 30년 만에 비약적인 발전을 이루었습니다. 이제 뇌과학은 과학, 의학뿐 아니라 심리, 사회, 문화 등 인간 생활의 전반에 활용됩니다. 최근에는 뇌과학의 연구 결과를 교육·육아와 접목하면서 '뇌과학에 기반한 학습법' '연령별 뇌 발달에 따른 육아법' 등도 생겨났습니다. 특히 '태어나서 3년 동안 성인의 80퍼센트까지 뇌가 급속도로 발달한다' '무엇인가를 배우는 데는 결정적인 시기가 있다' '좌뇌와 우뇌가 주로 담당하는 역할이 다르다'는 사실에 많은 부모들이 주목했습니다.

한자가 내 아이를 천재로 만든다

이 3가지 사실을 이미 한자 학습과 연결하여 연구한 일본학자가 있습니다. 바로 이시이 이사오 박사인데요. 우리나라에도《한자 교육혁명》《한자가 내 아이를 천재로 만든다》가 번역되어 이시이 방식의 한자 교육과 연구 결과가 소개되었습니다. 흥미롭게도 제2차 세계대전 직후 일본에서도 동양 문화를 경시하며 '한자 폐지' 운동이 크게 일어났다고 합니다. 하지만 이시이 박사는 그런 사회적 분위기 속에서 한자의 가치와 중요성을 알리고 한자 교육이 다시 부흥할 수 있도록 그와 관련된 연구를 진행했습니다.

그가 우리나라 교육청 장학사에 해당하는 직위를 내려와 14년간 초등학교 1학년 담임을 하면서 연구한 결과를 다음과 같이 정리해 볼 수 있습니다.

① 한자 교육은 빠를수록 좋으며 늦어도 초등학교 1학년 때 시작해야 한다.
② 한자가 어렵다는 것은 어른들의 시각이며 결정적 시기를 놓쳤기 때문이다.
③ 유아 시기에 표의문자인 한자는 표음문자보다 배우기 쉽다.
④ 유아들은 획수에 상관없이 실물과 가까운 한자들을 잘 기억한다.

⑤ 한자는 우뇌와 좌뇌를 동시에 자극하여 두뇌를 발달시킨다.

태어나서 6세까지의 시기는 우뇌 우위의 시기입니다. 우뇌는 공간, 위치와 관계 있으며 '이미지 뇌'라고 할 수 있죠. 하지만 어른들의 뇌는 좌뇌 우위입니다. 좌뇌는 논리적으로 사리를 판단하며 '언어 뇌'라고 할 수 있습니다. 우뇌 우위의 유아 시기는 사물에 대해 이해가 되지 않아도 카메라 셔터를 누르듯이 통째로 암기합니다. 이것을 '기계적 암기'라고 부릅니다. 요즘 아이들이 한글을 배우는 과정을 살펴보면 바로 이 우뇌를 이용한 방법입니다. 먼저 자음과 모음을 배우고 조합을 하고 단어를 익히는 것이 아니라 거꾸로 배우는 것이죠. 딸아이가 처음 한글을 배울 때를 떠올려보면 먼저 '통글자'를 익힙니다. 즉, 사과 그림과 함께 '사과'라는 글자를 통째로 보고 익힙니다. 이 통 글자가 익숙해지면 한 글자씩 나누어 배웁니다. 그리고 다시 자음과 모음을 분리합니다. 처음에 딸이 '사과'라는 글자를 읽을 줄 알았는데 그게 '사'와 '과'로 각각 떨어져 있으면 읽지를 못하더라고요. 그걸 보고 통째로 익힌다는 것이 무엇인지 알았습니다.

아이들에게 한자는 글자가 아니라 그림이다

유아에게 한자는 아무 의미 없는 글자가 아니라 일종의 그림입니다. 시각 정보가 많은 그림문자죠. 그래서 이시이 박사는 추상적인 개념보다 아이가 가장 좋아하는 구체적인 사물을 뜻하는 한자로부터 시작하면 효과적이라고 말합니다. 실제로 초등학교 1학년 아이들에게 九(아홉 구), 鳥(새 조), 鳩(비둘기 구)를 제시하고 가장 기억하기 쉬운 한자를 물어봤습니다. 아이들의 답은 의외로 鳩(비둘기 구) → 鳥(새 조) → 九(아홉 구) 순이었습니다. 어른들은 획수가 많은 한자를 어렵다고 느끼겠지만, 유아들은 구체적인 사물을 나타내며 오히려 획이 복잡해 시각 정보가 많은 한자를 더 잘 기억했습니다.

아이들은 글자보다 말을 먼저 배웁니다. 실물 그림을 보면서 딸기, 바나나, 책상, 의자와 같은 단어들을 배우고 입 밖으로 소리를 냅니다. 한자는 일종의 '보이는 말'이라고 할 수 있습니다. 실물 그림과 한자를 함께 제시하고 한자의 뜻, 음을 알려주면 듣기와 보기를 같이 하면서 배울 수 있습니다. 한글이나 알파벳 등의 표음문자는 그 글자가 구체적인 사물과 크게 관련이 없습니다. 하지만 한자는 시각적인 단서가 풍부하고 구체적인 사물과 연관됩니다. 아직 한글을 못 뗀 어린아이가 한자 카드를 보고 뜻, 음을 줄줄 외울 수 있는 것도 바로 이런 이유 덕분입니다.

우리나라에도 비슷한 실험과 연구 결과가 있습니다. 2011년 MBC 〈우리 아이 두뇌를 깨우는 101가지 비밀〉에서 '한자가 두뇌를 깨운다' 편이 방영되었습니다. 바이킹을 타고 순식간에 보이는 한자와 한글 중 어느 것을 더 잘 기억하는지 서울대 미술 동아리 학생들을 대상으로 실험을 진행했는데요. 각각 8단어 총 16단어 중 근소한 차이긴 하지만 한자를 더 잘 기억했습니다. 이번에는 단어가 아닌 낱글자로 한자와 한글 각각 20개씩 총 40개를 제시했는데 평균적으로 한자를 기억하는 사람들이 더 많았습니다. 왜 짧은 순간에 한자를 더 잘 인식할까요? 최첨단 뇌 영상 장비인 FMRI로 뇌를 살펴보니 한자를 읽었을 때 좌뇌와 우뇌가 모두 활성화되었다고 합니다.

또한 초등학교 4학년 학생들을 대상으로 한자 카드를 이용해 놀이식으로 한자를 익히게 했습니다. 그 후 문장 이해력, 어휘력을 테스트했더니 그 전보다 평균 48퍼센트 향상되었다고 합니다. 한자 학습이 자연스레 학습 능력에도 도움이 된다는 것이죠. 이처럼 한자의 뜻을 유추하는 과정에서 논리의 좌뇌는 물론 상상력의 우뇌까지 키울 수 있습니다.

이와 비슷한 연구가 2014년 가천대 뇌과학연구소에서도 이루어졌습니다. 한자를 읽을 때는 좌반구의 브로카영역과 전 운동영역의 활동이 증가하는 것으로 관찰되었는데, 이곳은 한글을 읽을 때는 활성화되지 않았던 영역입니다. 이는 문자마다 활성화되는 뇌 부위가 다르다는 것을 의미합니다. 따라서 어릴 때부터 한글과 한자를 함께 알려주면 조기에 다양한 뇌 영역을 활성화할 수 있습니다. 가천대 뇌과학연구소에서는 한자 이름과 한글 이름을 제시하고 어느 쪽을 더 오래 기억하는지에 관한 실험도 진행했습니다. 그 결과, 한자 이름의 인지 기억이 오래 유지되는 것으로 나타났습니다. 이는 인간의 인지기능이 시각 위주로 진화했고 한자가 시각적 측면이 강조된 상형문자이기 때문으로 분석할 수 있습니다.

한자 학습이 두뇌 발달에 좋다는 이야기가 뇌과학을 바탕으로 한 실험과 여러 사례에서 확인되었습니다. 단순히 소수의 허무맹랑한 주장이 아니라는 것이죠. 이는 조기교육을 맹목적으로 옹호하는 것과는 다릅니다. 한글보다 한자를 먼저 가르쳐야 한다는 것도 아니고요. 저도 그랬지만 많은 부모들이 '한글도 모르는 아이한테 한자를 가르친다고?'라는 편견을 가집니다. 하지만 그것은 어디까지나 어른의 시각입니다.

우뇌 우위의 시기인 아이들에게 한자는 시각적 정보가 풍부한 재미있는 그림입니다. 처음에 언급한 한자 신동들 중에는 우연히 엄마가 보여준 한자에 큰 흥미를 느껴 스스로 재미 삼아 공부한 경우가 많습니다. 한자는 '어려우니 나중에 배워야 해'라는 편견에서 벗어나세요. 유아 시기에도 충분히 즐겁게 한자 공부를 할 수 있습니다. 유아 때부터 두뇌 발달 놀이의 일환으로 '보이는 말'인 한자를 아이에게 노출해보는 건 어떨까요?

300자만 알아도 중·고등 공부가 쉬워진다

처음 아이를 임신하고 출산할 때만 해도 모든 엄마들의 바람은 딱 하나, 아이의 '건강'입니다. 하지만 아이가 커갈수록 바람들이 조금씩 늘어납니다. 이왕이면 똑똑했으면, 말도 잘했으면, 공부도 잘했으면 하고 말이지요. 저는 아이가 세 돌쯤 지나자 학습과 관련된 부분에 본격적으로 관심이 생겼습니다. '내가 너무 늦은 건 아닌가? 내가 너무 관심이 없는 건가?' 걱정하면서 여러 육아 관련 책과 사이트를 찾아다니며 정보를 탐색했습니다. 자연스레 유아교육뿐 아니라 초등교육 관련 책도 많이 보게 되었습니다. 그러다가 엄마들의 한자 공부에 대한 관심과 고민을 만나게 되었습니다.

"아이가 한자를 알고 어휘력이 많이 늘었어요. 자꾸 한자로 뭐냐고 물어봐요.”

“아이가 유치원에서 한자를 배우더니 그림글자라며 재밌어해요. 한글보다 더 좋아해요.”

“저는 제가 한자를 알고 공부에 도움이 많이 돼서 아이도 꼭 배우게 하고 싶어요.”

“아이들 한자 공부시켜야 할까요?”

“한자 공부 언제 어떻게 시작해야 할지 모르겠어요.”

“영어, 수학, 예체능 할 게 많은데 한자까지 하려면 너무 힘들지 않을까요?”

한자 공부, 똑똑하게 필요한 것만 하자

저도 같은 엄마로서 비슷한 고민을 했고 관심 분야다 보니 그런 글들을 하나씩 차근차근 읽고 분석해보게 되었습니다. 엄마들의 고민을 한마디로 표현하면 ‘한자 공부 필요한 건 알겠는데 아이도 나도 부담되지 않는 선에서 시키고 싶다’였습니다.

당장 영어, 국어, 수학, 독서, 수영, 피아노 등 해야 할 것들이 많기 때문에 한자 공부는 우선순위에서 밀립니다. 또한 부모님들은 한자 공부에 굳이 큰돈과 시간을 들이고 싶어 하지 않지요. 그러면서도 한편으로는 아이의 어휘력과 문해력을 위해 한자 공부가 필요하다고 생각합니다.

저는 한자 공부가 꼭 '김치'와 같다는 생각이 듭니다. 화려하게 주목받는 메인 요리는 아니지만 작은 그릇에 담겨 끼니마다 빠질 수 없는 것이 김치이죠. 입맛을 돋워주는 김치처럼 한자 공부도 학습과 언어생활을 수월하게 해줍니다. 아이들의 공부에서 큰 영역을 차지하는 것은 아니지만 꼭 필요한 부분이죠.

어차피 해야 할 한자 공부라면 똑똑하게 필요한 것만 하면 됩니다. 공부에 도움이 되면서 소화할 수 있는 만큼 하는 겁니다. 한자 공부에도 체계적인 동기, 목표, 범위, 방향 설정이 필요합니다.

먼저, 왜 우리 아이들이 한자를 배워야 하는지에 대한 엄마의 동기가 중요합니다. 엄마들이 자라던 시대만 해도 한자 공부를 따로 하지 않아도 자연스럽게 생활 속에서 한자에 대한 기초적 지식을 습득할 기회가 많았습니다. 그러나 점점 한글 전용이라는 언어 환경의 변화로 우리 아이들은 따로 신경 써주지 않으면 자칫 한자에 대해 전혀 모르는 상태로 성장하게 됩니다. 요즘 아이들은 부모들이 '이 정도 한자는 알겠지' 하고 생각하는 쉬운 한자도 알지 못하는 경우가 많습니다. 의도적으로 기초적인 한자를 알려줘야 하는 시대가 되었습니다.

초등 한자 공부에 대한 목표는 2가지입니다. 높은 어휘력을 가지고 교과서를 잘 이해하고 학습적인 부분에서 도움을 받기 위함이며, 나아가 고전을 읽을 수 있는 힘을 기르기 위함입니다. 동기와 목표가 확실하면 이제 그것에 맞게 범위와 방향을 정하면 됩니다.

초등 한자 300자만 알면 된다

초등학교 때 알아야 할 한자는 대략 300자 내외입니다. 2019년 교육부는 '초등 교과서 한자 표기 기준'을 발표했는데, 이때 교육부가 초등학교 5, 6학년 교과서 한자 병기와 관련하여 제시한 한자 범위가 바로 300자입니다. 하지만 구체적으로 어떤 한자가 여기에 포함되는지까지는 공개하지 않았습니다.

그동안 우리는 한자 공부를 시작할 때 주로 급수 시험의 배정 한자를 따랐습니다. 한자 급수 시험은 한자를 난이도에 따라 급을 나누어 레벨화했다는 부분에서 큰 의미가 있습니다. '몇 급이면 어느 정도 실력이다'라는 것을 명시화해주었죠. 그런데 아이와 8급 한자를 공부하다가 '왜 이런 한자가 8급에 있지?' 하고 의아했던 한자들이 있습니다. 50자 중에는 나라 한(韓), 가르칠 교(教) 등의 어려운 한자도 다수 포함되어 있었습니다. 아마도 아이들이 흔히 접하는 '한국' '교실'이라는 단어에 쓰이기 때문이겠죠.

그래서 저는 급수 한자 체계와는 조금 다른 초등 필수 한자 300자를 선정하여 이 책에 부록으로 수록했습니다. 아이들이 공부에 쏟을 시간과 에너지는 한정적입니다. 따라서 저는 조금 더 효율적으로 한자를 공부할 수 있게 두 가지 기준으로 300자를 선정했습니다. 첫째 초등 교과서 속 학습도구어와 관련된 한자, 둘째 접두사나 접미사처럼 쓰여 새로운 어휘를 만드는 데 자주 쓰이는 한자입니다. 이에 대해서는 3장에서 자세하게 소개하겠습니다.

아이들의 한자 공부는 한자를 통해 교과서에 나오는 새로운 어휘를 이해할 수 있도록 주로 교과 학습에 초점이 맞춰져야 합니다. 한 연구[1]에 따르면 초등학교 5~6학년 교과서 속 한자 총 누적 빈도수는 국어 11만 2,147자, 수학 7만 2,565자, 과학 4만 1,293자, 사회 9만 9,722자, 생활과 6만 3,718자, 체육·예술과 2만 1,158자라고 합니다. 국어과뿐 아니라 다른 과목들의 학습도구어에도 한자가 많이 포함되어 있음을 알 수 있습니다. 또한 하나의 한자만 알아도 여러 개의 어휘들을 한꺼번에 익힐 수 있도록 확장성이 높은 한자여야 합니다.

한자 공부는 소낙비가 아니라 가랑비처럼

"우리 애 어릴 때 한자 배웠는데 크니까 다 까먹었어요. 휘발성이 강해요. 역시 한자 공부는 별로 소용이 없나 봐요"라는 말을 종종 듣습니다. 어느 특정 기간에만 잠깐 한자를 외우게 하고 나름 급수 시험도 보면서 열심히 아이에게 한자 공부를 시킵니다. 그리고 몇 년 후 갑자기 아이에게 한자를 물어봅니다. 아이가 다 까먹었다고 잘 모르겠다고 한다면 아마도 엄마는 '아, 한자 공부는 해도 별로 소용이 없구나'라고 생각할지 모르겠습니다. 한자도 일종의 언어인데 꾸준히 하지 않으면 당연히 기억이 잘 나지 않습니다. 그렇다고 언제까지 한자 공부만 붙잡고 있을 수는 없는 노릇이지요.

한자를 공부한다는 의미가 단순히 낱글자만 달달 외우는 형태가 되어서는 안 됩니다. 그러나 한자 공부에서 한자 낱글자를 먼저 익히는 것은 한자 공부의 출발점입니다. 초등 필수 한자 300자를 기반으로 한자를 익히고 개념을 습득하고 학습에 필요한 글을 읽으며 사고력을 키우는 방향으로 나아가야 한자 공부 자체도 생명력을 가집니다.

아이가 300자를 익혔다면 이제 기초 체력은 준비되었다고 생각하시면 됩니다. 기초 체력이 갖추어져 있다면 이제 뛸 차례가 된 것이죠. 300자를 바탕으로 일상 용어에서 한자 찾기, 교과서를 읽다가 모르는 어휘 따로 체크하기, 아는 한자를 통해 새로운 어휘 유추하기 등 '공부에 한자를 활용하는 방법'으로 감각을 꾸준히 유지하는 겁니다.

소낙비처럼 특정 기간에만 휘몰아쳐 한자를 공부하고 끝이 아니라 가랑비처럼 공부를 위해 한자를 조금씩 활용하는 방법으로 나아가야 합니다. 이런 방향과 마음가짐으로 한자 공부에 임해야 엄마도 아이도 지치지 않습니다.

아이가 초등학교 때 이렇게 한자 공부를 하면서 생긴 '한자 감각'

은 중·고등학교 학습에 큰 힘을 발휘합니다. 특히 고등학교에서는 모든 과목을 긴 글을 통해 학습하고 시험을 보는 형태입니다. 시험에서 주로 요구하는 능력도 정해진 시간 안에 긴 글을 얼마나 빠르게 읽고 정확하게 주어진 문제를 해결하느냐입니다. 필연적으로 생소한 주제의 글이나 어휘를 마주칠 수밖에 없습니다.

'여기서 이 글자는 이 한자인가? 그럼 이런 뜻이구나!'

이렇게 자주 연습한 아이는 습관화되어 낯선 어휘에도 당황하지 않고 막힘없이 빠르게 글을 읽어나갑니다. 또한 비슷해서 헷갈리는 단어들이 나왔을 때도 생각을 정교하게 할 수 있기 때문에 남들보다 정확하게 문제를 풀 수 있게 됩니다.

초등학교 4학년만 돼도 아이들의 공부 스케줄은 빡빡합니다. 한자 공부가 필요하다고 생각하지만, 선뜻 많은 시간을 투자하기 어렵고 공부법도 막연합니다. 그렇기 때문에 한자 공부는 무엇보다 교과 공부에 도움이 되면서도 소화 가능한 만큼 해야 합니다. 그게 바로 제가 제시한 초등 필수 한자 300자입니다. 하나의 한자만 알아도 여러 개의 어휘들을 한꺼번에 익힐 수 있는 확장성이 높은 한자 위주로 효율적으로 공부한다면 어렵지 않습니다. '한자를 공부한다는 것은 공부를 위해 한자를 활용한다'는 의미입니다. 이렇게 공부한 아이는 중·고등학교에서도 흔들리지 않습니다.

수업 중 어휘 빈곤을 느끼는 아이들

'초등 교과서 한자 병기' 논란은 교육과정이 개편될 때마다 수면 위로 떠오르며 그야말로 뜨거운 감자가 됩니다. 한자 병기란 국·한문 혼용과 달리 한글 옆에 괄호로 해당하는 한자를 적는 것입니다. 지난 2015년에는 찬반 여론이 그 어느 때보다 극명하게 대립했는데, 일부 단체는 하단에 각주로 한자를 병기하는 것조차 강력하게 반대했습니다. 한자를 병기할 경우, 학생들이 부담을 느끼고 오히려 관련 사교육만 늘어날 것이라는 이유에서입니다. 결국 초등 교과서 한자 병기 정책은 2018년 전면 폐기되었습니다. 하지만 2019년 교육부는 다시 "교과 학습에 도움이 되는 기본 한자 300자 중 초등 5, 6학년 교과서에 집필진이 필요하다고 판단한 단어는 한자의 음과 뜻을 표기할 수 있다"라고 발표했습니다. 현재 교과용 도서 편찬

유의점을 보면 교육 목적상 필요한 경우 교과서에 한자를 병기할 수 있게 되어 있습니다.

교과서 한자 병기에 관한 끝없는 논란은 결국 한자가 아이들의 공부에 도움이 된다는 방증이 아닐까요? 아이러니하게도 교과서를 제외한, 초등학생들이 공부하는 많은 문제집과 참고서에는 이미 한자가 함께 쓰여 있습니다.

한자 학습이 필요하다고 말하는 아이들

저는 학기 초가 되면 이 주제를 가지고 학생들과 토의 수업을 진행합니다. 찬반 양측의 관련 영상과 근거가 될 만한 자료를 수집하고 제시합니다. 그리고 학생들에게 한문 수업 시간이라 생각하지 말고 자유롭게 의견을 발표해보라고 합니다.

"한자는 너무 어려워요."

"중국 글자 배우기 싫어요."

"한자를 알면 어휘를 많이 알 수 있어요."

"무엇이든 배우는 건 좋은 거 아닌가요?"

솔직한 의견들이 오고 갑니다. 그래도 70퍼센트 이상의 학생들이 '한자 학습이 필요하다'고 답합니다. 본인 스스로 교과서를 읽으면서 어휘 부분에 어려움을 느끼고 있기 때문입니다.

어느 날 같이 근무하는 역사 선생님께서 수업을 다녀와서 이런 말씀을 하셨습니다.

"오늘 아이들에게 역사를 연구할 때 필요한 사료에 대해 이야기 했는데 아이들이 사료하니까 모두 개 사료, 고양이 사료만 떠올리더라고요."

아이들에게 사료(史料)는 그저 사료(飼料)일 뿐이죠. 교과서 속 어휘는 일상에서 흔히 쓰이는 어휘가 아니기 때문입니다. 그래서 더 낯설게 느껴지죠. 특히 학년이 올라갈수록, 중·고등학교에 진학할수록 교과서 속 용어들 대부분은 한자어로 바뀝니다. '줄글'은 '산문'으로, '중심 생각'은 '주제'로, '글감'은 '소재' 등으로 용어가 달라집니다. 글을 읽고 막연히 '슬프다'라고만 표현했는데 이제 '애상, 비애, 처량' 등의 표현이 나옵니다.

교과서 속 개념어들이 한자어인 이유

교과서에 쓰이는 어휘는 우리가 일상생활에서 쓰는 어휘와는 다릅니다. 그 때문에 일상에서는 모르던 '어휘의 빈곤'을 교과서를 읽으면서 겪게 됩니다.

개화기 이후 일본은 메이지 유신을 거치면서 많은 서양의 학문 용어들을 한자어로 번역하는 작업을 하게 됩니다. 정치, 경제, 사회, 철학, 과학, 의학 등 대부분의 학문 전반에 걸친 용어들이 이때 새로 번역되었습니다. 이런 한자 어휘들이 현재 한국어와 중국어에도 많은 영향을 주었습니다. 즉, 학문 용어, 전문 용어 등에 한자어가 많다 보니 공부가 어느 수준이 넘어가면 한자를 필연적으로 만나게 됩니다.

교과서를 읽는다는 것은 곧 이런 개념어들을 파악하는 일입니다. 교과서 속 개념어들은 친절하게 굵은 글씨나 '*'로 표시되어 있고 색깔이 다른 박스로 처리되어 있습니다. 이 개념어들에 대한 정확한 이해를 바탕으로 교과서를 읽어나가야 합니다. 이것은 방향을 표시해주는 깃발을 중간중간에 꽂아두고 길을 찾는 것과 같습니다. 방향을 잃지 않고 목적지까지 쉽게 갈 수 있죠. 그런데 개념어에 대한 이해 없이 교과서를 읽어나가면 방향을 잃고 헤맵니다.

현재 교과서는 개념어를 한글 단어와 단어의 사전적 뜻으로만 제시해놓았습니다. 그러나 한자어는 한자로 풀이하고 익혀야 쉽게 이해하고 오래 기억할 수 있습니다.

실제 초등학교 5학년 사회 교과서를 살펴보겠습니다.

> **주권:** 다른 나라의 간섭 없이 나라의 중요한 일을 스스로 결정하는 권리.
>
> 한 나라의 영역은 그 나라의 주권이 미치는 범위를 말하며 영토, 영해, 영공으로 이루어진다. 영토는 땅, 영해는 바다, 영공은 하늘에서의 영역이다. 우리나라의 영역에는 우리 주권이 미치기 때문에 다른 나라가 함부로 들어올 수 없다.

여기서 핵심 개념어는 '주권', 그다음 중요한 개념어들이 '영토, 영해, 영공'이라는 것을 알 수 있습니다. 하지만 교과서에는 한자 풀이가 제공되고 있지 않습니다. 이것을 한자로 풀이하면 주권은 주인 주(主) + 권리 권(權)이므로 '주인의 권리'입니다. 같은 방법으로 영토는 거느릴 령(領) + 흙 토(土), 즉 '거느리는, 다스리는 땅'입니다. 영해는 바다 해(海), 영공은 빌 공(空)이 하늘이란 뜻으로 쓰였습니다. 이렇게 한자로 풀이하고 그다음 교과서에 제시된 정의를 읽으면 더욱 쉽게 이해하고 오래 기억할 수 있습니다.

한 연구[2]에서는 학생들이 한자어로 된 개념어를 학습할 때 한자 낱글자의 뜻과 음을 먼저 익히도록 하는 실험을 했습니다. 그 결과 국어, 사회, 과학 등 전 과목의 점수가 향상되었습니다. 한자로 된 학습 개념어를 익힐 때 한자 낱글자의 뜻과 음을 아는 것이 개념 이해에 도움이 된다는 사실을 확인할 수 있는 연구입니다.

한자어는 한자로 풀어야 한다

한자어는 왜 한자로 풀이해야 할까요? 먼저 한자어는 함축적입니다. 일종의 줄임말과 같습니다. 이것을 하나씩 뜻을 풀이해보면 직관적 이해가 가능해집니다. 아이들의 머릿속에 느낌표가 그려집니다. '아하! 바로 이거구나!' 하게 되는 거죠.

두 번째, 이런 직관적 이해는 소극적 어휘를 적극적 어휘로 바꾸어줍니다. 사이토 다카시는 《어휘력이 교양이다》에서 알고는 있지만 확신이 서지 않아 사용할 때 머뭇거리는 어휘를 '소극적 어휘'라고 했습니다. 안개가 낀 듯 어렴풋이 아는 것이죠. 한자어를 한자로 풀어보는 과정을 거치면 이런 어휘들이 적극적 어휘로 바뀝니다. 그러면 수업 시간에 배운 개념을 발표하거나 서술형 시험에서 확실하게 표현하고 자유자재로 어휘를 사용할 수 있습니다.

마지막으로 이런 훈련들은 '단어 의식'이 생기게 합니다. 단어를 의식하면서 사용하는 것이죠. '이게 한자로 무슨 글자일까?' 하고 생각하게 됩니다. 게다가 공부한 한자를 바탕으로 모르는 단어를 만나면 추측하는 능력도 생깁니다. 예를 들면 관습의 관을 익숙할 관(慣)으로 배운 학생이라면 '관행'이라는 단어를 만났을 때 '관이 익숙할 관(慣)이 아닐까? 그럼 익숙하게 버릇처럼 하는 행동을 뜻하는 것인가?'라고 유추해볼 수 있습니다.

수능 만점자들의 인터뷰에서 주로 등장하는 "교과서로 공부했어요"라는 멘트는 괜히 나온 말이 아닙니다. 교과서 읽기는 공부의 출발점입니다. 공부는 곧 개념을 이해하는 것입니다. 개념어는 대부분 한자어입니다. 이것이 곧 한자를 알면 교과서가 보이는 이유입니다. 마치 위에서 내려다보듯 교과서의 내용이 한눈에 들어옵니다.

한자는 이렇게 진짜 공부 잘하는 아이들의 비밀 무기가 됩니다.

한자가 공부의 진입 장벽을 낮춘다

저는 학기 말이 되면 학생들에게 1년 동안의 수업을 돌아볼 수 있는 자기 평가서를 작성하게 합니다. 거기에 저의 수업에 대한 피드백도 적어달라고 해요. 그러면 대부분의 아이들은 귀찮은 듯 "선생님, 수고하셨습니다" 등의 영혼 없는 짤막한 멘트만 적어줍니다. 그런데 몇몇 아이들은 정말 도움이 될 만한 피드백을 해줍니다. 그중 3년 전이지만 지금도 기억에 남는 학생의 글이 있습니다.

> (중략) 한자를 공부한 후 국어 문제집이나 모의고사를 볼 때 사자성어 문제에 아는 한자가 보이기 시작하니 매우 뿌듯했다. 수업 시간에 배운 사자성어나 격언, 한시 등은 머릿속에 박혀 계속 기억이 나기 때문에 앞으로 많은 도움이 될 것 같다. 특히 어제 2학년 교과서를 받고 문학 책을

펴 봤는데, 정지상의 '송인'이 있었다. 한글로 풀이된 시 옆에 한자가 적혀 있었는데, 그 한자를 모두 다 읽을 수 있어 신기했다. 한문을 배워야 하는 이유가 정확히 무엇인지 말로 표현할 수는 없지만, 그 이유에 대해 스스로 터득한 것 같다.

학생의 글을 일부러 그대로 옮겨왔습니다. 이 학생은 정확히 무엇인지 말로 표현할 수는 없지만 한자를 왜 배워야 하는지 그 이유를 알게 되었다고 해요. 저는 '무엇인지 알지 못하는 그 느낌'에 주목했습니다. 성적이 상위권이었던 졸업생 몇몇과 이야기를 나눴을 때도 비슷한 답변을 들었기 때문입니다. "한자 공부가 대학 진학에 도움이 되었던 점은?"이라고 질문했는데 공통적으로 "모든 과목에서 알게 모르게 도움이 된다"라고 대답하더라고요.

저는 아이들이 말하는 '도움이 되는 거 같지만 뭔지 모르겠는 그 느낌이 뭘까?' 하고 한참 동안 고민했습니다. 그러다가 우연히 보게 된 한 영상에서 그 답을 찾을 수 있었습니다.

입시에 결정타가 되는 의외의 꿀 공부

입시 관련 스타 강사의 영상이었는데, 그는 한자 공부가 의외의 '꿀 공부'라고 말합니다. 한자 공부가 모든 과목의 중요 기반이 되며 국·영·수 개념 학습에 결정타일 수 있다고 강조합니다. '미분'을 예로 들어 "작을 미(微), 나눌 분(分), 즉 '아주 미세하게 그 순간을 나눈 것'"이라고 설명합니다. 이런 식의 설명이 추상적으로 느껴지던 학습 개념을 머릿속에 확 와 닿게 해준다는 것이죠. 그러면서 "'바빠 죽겠는데 웬 한자 공부?'라고 생각하지 말고 조금이라도 여유가 있는 초·중학교 때 한자 공부해!"라고 힘주어 말합니다.

"한자가 공부의 1차 허들을 낮춰준다."

저는 영상에서 나온 이 한 문장이 바로 학생들이 말한 한자 공부가 도움이 되는 거 같지만 뭔지 모르겠는 그 느낌이라고 생각했습니다. 즉 공부의 진입 장벽을 낮춰주는 것이죠. 자신도 알게 모르게 개념을 이해하는 데 도움을 받고 좀 더 쉽게 본격적인 공부로 들어갈 수 있었던 겁니다. 어느 과목이든 공부의 초입에서부터 막혀버리면 금방 지치고 공부의 흥미를 잃게 됩니다.

한자, 공부의 사다리

공부의 진입 장벽이 낮아진다는 말을 들으니, 교육학을 공부할 때 배운 '비계'라는 용어가 떠올랐습니다. 비계란 원래 건축 현장에서 높은 곳에서 일할 수 있도록 설치한 발판을 말합니다. 교육학에서 비계는 학습이 일어날 때 한 단계 높은 수준으로 도약할 수 있도록 제공하는 도움을 말합니다. 쉽게 이야기하면 바로 '공부의 사다리'인 셈이죠.

초등 저학년 때는 주로 반복 학습과 놀이를 통해 새로운 개념을 배웁니다. 이때는 곁에 있는 부모나 교사들이 공부의 사다리를 제공해줄 수 있습니다. 하지만 3학년 이후 상급 학교에 진학할수록 학습을 위한 읽기가 시작됩니다. 글이 길어지고 많은 개념어들이 한꺼번에 등장합니다. 부모와 교사의 도움은 한계가 있습니다. 이때는 주로 자신이 가지고 있는 배경지식과 어휘를 토대로 새로운 개념을 받아들입니다. 자신이 이미 알고 있는 것을 재료 삼아 연결하고 확장해가며 새로운 개념을 학습하는 것이죠. 이미 스스로가 가진 공부의 사다리가 견고한 아이라면 한 단계 높은 수준의 공부 장벽을 쉽게 뛰어넘을 수 있습니다. 하지만 그런 사다리가 빈약하다면 눈앞에 놓인 공부 장벽은 한없이 높아 보이고 넘을 수 없으리라 생각하며 포기하고 맙니다.

국어 수업 시간, 똑같은 선생님의 설명을 듣고 다르게 이해하는 두 학생이 있습니다.

선생님: 이 영화의 가제는 '데칼코마니'였다고 해요.

A 학생: 가제? 가제가 뭐지? 랍스터?

B 학생: 가제? 제목을 말하는 거 같은데…. 그럼 '가'는? 임시, 거짓을 뜻하는 가(假)구나! 그렇다면 가제는 '임시로 지은 제목'이라는 뜻이네. 과학 시간에 배운 '가설'도 이 '가(假)'라는 한자가 아

닐까?

이처럼 한자를 많이 알고 한자어에 익숙하다는 것은 공부의 사다리를 견고하게 만드는 일입니다. 낯선 어휘가 나와도 자신이 아는 한자를 통해 쉽게 유추할 수 있고 연결하며 확장할 수 있습니다. 아는 단어가 많아질수록 수업이 쉬워지고 자연스럽게 공부에 재미가 붙습니다. 어려운 내용이 나와도 '모르겠다'는 좌절감보다는 '이게 뭘까?'라는 호기심이 생깁니다.

한자를 공부해본 중·고등학교의 상위권 학생들은 이렇게 말합니다.

"한자 공부는 모르는 단어의 뜻을 짐작하는 데 큰 도움이 된다. 마치 신의 한 수와도 같았다."

"어휘를 공부할 때 한자가 필요한 경우가 매우 많다. 남들과 같은 시간을 공부하고도 더 높은 성취를 얻을 수 있었다."

한자가 바로 '공부의 진입 장벽을 낮춰주는 사다리' 역할을 했다는 것을 스스로 느꼈기 때문입니다.

한자 공부, 강남 엄마들은 이미 시작했다

대학에 다닐 때 친하게 지내던 선배 언니가 강남으로 초등학생 과외를 하러 다녔습니다. 저는 당연히 영어나 수학이겠지 했는데 한자 과외였습니다. 그때는 무슨 한자까지 과외를 시키나 싶었는데 어쩌면 강남 엄마들은 한자 공부가 모든 과목의 기반이 된다는 것을 알고 있었던 게 아닐까 싶습니다.

2008년에는 서울 강남구와 서초구가 관내 초등학생들을 대상으로 교육청 차원의 한자 교육을 실시한 적이 있습니다. 강남교육청은 "초등학교 학생들이 교과서에 나오는 단어의 의미를 잘 이해하지 못한다는 일선 교사들의 지적에 따라 지역 초등학교에서 한자 교육을 실시하기로 했다"고 했는데요. 그동안 개별 학교에서 실시하는 경우는 있었지만, 교육청 단위에서 실시하는 것은 처음이었기에 그 당시 많은 논란이 되었습니다. 결국에는 많은 반대에 부딪혀 꾸준히 이루어지지 못했습니다. 하지만 우리나라 교육 1번지인 두 교육청에서 한자 교육을 실시하기로 했다는 것은 주목해야 할 부분입니다.

한자로 변화하는 입시제도에 대비하라

"지우 엄마, 곧 교과서가 바뀐다는 이야기 들었어요?"

"바뀐 지 얼마 안 됐는데 교육과정이 또 바뀌나 보네요."

"고교학점제가 도입된다고 하는데 어떻게 대비해야 할지 모르겠어요."

요가 수업에서 만난 초등학교 6학년 자녀를 둔 엄마들의 대화입니다. 자고 일어나면 바뀐다는 소리가 있을 정도로 교육과정과 입시제도는 자주 변합니다. 교사들조차도 정확히 알지 못합니다. 꾸준히 관심을 가지고 공부해야 할 정도죠. 하지만 학교 현장에 13년 넘게 있으면서 저는 교육의 본질은 결코 변하지 않는다는 사실을 느끼기도 합니다.

모든 것은 변하지만 아무것도 변하지 않는다.

(Everything changes but Nothing changes.)

어느 명품 브랜드의 유명한 광고 문구입니다. 교육도 마찬가지입니다. 교육과정과 제도들이 수시로 바뀌어 혼란스럽지만, 이것 하나만 기억하면 됩니다. 교육의 본질은 아이들이 배움을 통해 성장하도록 돕는 것입니다. 교육 정책이 자주 바뀌는 것 같아도 멀리서 보면 결국 하나의 방향으로 나아가고 있습니다. 학교 현장에서 제가 분명하게 느끼는 사실 한 가지는 이런 교육의 본질을 지키기 위해 모든 교육 활동의 중심에 학생을 둔다는 점입니다.

2010년에 '전국 고교선진화 교과교실제'라는 연수에 참석한 적이 있습니다. 그곳에서 더 나은 교육과정을 위해 밤늦도록 열띤 토론을 하는 전국의 선생님들을 볼 수 있었습니다.

"교과교실제고 뭐고 대학 입시가 변하지 않으면 학교는 결국 변하지 않습니다."

"상대평가 9등급제에서 아이들이 제대로 된 교과 선택을 할 수 있겠습니까? 결국 1등급 받기 유리한 수강생이 많은 과목으로 쏠리게 되어 있죠."

"외국학교나 대학처럼 교실을 옮겨 다니며 수업을 들으면 학생들 생활지도가 제대로 될까요?"

13년 전이었습니다. 당시 학교들도 '홈베이스를 만든다' '교실을 리모델링한다'라며 한참 공사를 하고 부족한 교사들을 구하고 시간표를 새로 짰습니다. 하지만 곧 유명무실해졌습니다. 그렇게 많은 제도들이 생겨났다가 흐지부지되는 줄 알았습니다. 그런데 놀랍게도 그런 사업들이 지금 도입되는 '2022 개정 교육과정'과 '고교학점제'로 가는 과정이었습니다. 가랑비에 옷 젖듯이 학교 현장은 서서히 변화의 흐름을 타고 있었던 겁니다.

2022 개정 교육과정과 고교학점제에 대비하려면

앞으로 도입되는 2022 개정 교육과정과 고교학점제로 아이들이 체감할 가장 큰 변화는 무엇일까요? 바로 시간표와 평가 방식입니다. 고교학점제는 2025년 전국의 모든 고등학교에 도입됩니다. 마치 대학처럼 각자 수업을 선택해서 시간표를 짜고 일정 학점을 취득해야 졸업을 할 수 있습니다. 1학년의 공통과목을 제외하면 2학년부터는 일반, 융합, 진로 선택과목들을 각자 선택해서 수강해야 합니다. 같은 반이어도 시간표가 아이마다 다르다는 것이죠.

"어떤 과목을 들어야 해요? 무슨 과목을 선택해야 할지 모르겠어요."

"저는 친구가 듣는 과목 그대로 선택했어요."

"7교시 중에 한두 시간 빼놓고는 매번 교실을 이동해야 해요."

지금도 일부 선택과목이 존재하는데, 아이들은 이렇게 과목 선택을 어려워합니다. 자신의 흥미와 진로에 대해 고민하지 않으면 친구 따라 강남 가게 되는 것이죠. 게다가 상대평가이기 때문에 1등급이 나오려면 수강 학생이 많아야 한다는 조건이 있었습니다. 상위권 학생들도 본인이 듣고 싶은 과목보다 수강생이 많아 등급을 받기에 유리한 과목을 선택할 수밖에 없었지요. 하지만 고교학점제와 발맞춘 2022 개정 교육과정부터는 모든 선택과목이 6단계 절대평가로 바뀝니다. 즉, 90점 이상이면 A를 받는 것이죠. 등급에 대한 부담 없이 실질적인 과목 선택을 할 수 있습니다.

고교학점제와 2022 개정 교육과정 학년별 적용 시점

적용년도	2022 개정 교육과정 (2022년 12월 고시)	고교학점제
2023년		고 1학년
2024년	초 1, 2학년	고 1, 2학년
2025년	초 3, 4학년 중 1학년 고 1학년	고등 전 학년
2026년	초 5, 6학년 중 2학년 고 2학년	
2027년	초등~고등 전 학년	

서술형 평가에서 가장 중요한 것은 어휘력

절대평가의 전면 도입이 아이들에게 끼치는 영향은 무엇일까요? 바로 지금의 선택형(객관식) 위주의 시험이 서술형 위주의 시험으로 바뀐다는 겁니다. 교육의 본질은 바뀌지 않는다고 했죠? 지금의 정답 찾기식 평가로는 아이들을 제대로 평가할 수 없습니다. 그 목적이 아이들의 줄을 잘 세우는 데 있기 때문입니다. 그러므로 많은 교사들은 변별의 부담 없이 학생의 성취도를 다양한 방법으로 평가하고 싶을 겁니다. 학생의 성취를 가장 잘 엿볼 수 있는 것이 바로 서술형, 구술형 등의 평가입니다.

지금도 일정한 비율로 서술형 평가가 이루어지고 있습니다. 아이들은 서술형 문항을 특히 어려워합니다.

실제 서술형 문항을 살펴보겠습니다.

〔서술형1〕 조선 후기 중상학파의 특징을 다음 〈조건〉을 모두 포함하여 서술하시오.

〈조건〉 대표적 인물 2명의 이름과 그들의 주장을 서술할 것.
중상학파의 주장을 나타낼 수 있는 4글자의 성어를 적고 뜻을 풀이할 것.

"서술형 답을 적으려고 하면 생각이 안 나요. 답이 머릿속에만 맴 돌아요.”

“아, 아깝다. 분명히 알았는데 단어를 하나 잘못 적었어요.”

시험이 끝나는 종소리가 울리면 여기저기서 이런 탄식이 들립니다.

선택형(객관식) 문항에 비해 서술형 문항은 오히려 물어보는 것이 명확합니다. 틀리게 하려고 일부러 꼬거나 함정을 파놓지 않습니다. 그런데도 왜 아이들은 서술형을 더 어려워할까요? 선택형처럼 대충 알아서 찍을 수 없기 때문입니다. 아무리 쉬운 용어나 내용이라도 완성된 문장형으로 작성해야 합니다.

결국 자신이 알고 있는 것을 정확하게 표현해내는 능력이 더욱 중요하게 됩니다. 앞에서 말했던 적극적 어휘가 많은 학생일수록 유리합니다. 안개가 낀 듯 어렴풋이 아는 소극적 어휘를, 글을 쓰거나 말을 할 때 활용할 수 있는 적극적 어휘로 만들어야 합니다. 한자는 소극적 어휘를 적극적 어휘로 만들어줍니다.

학교 내신에서의 서술형 평가는 대부분 일정한 답이 정해져 있는 키워드 채점입니다. 출제자가 요구하는 키워드가 있느냐 없느냐로 점수를 매기죠. 교과서에 나오는 많은 개념어들이 바로 답입니다. 그 개념어들은 대부분 한자어입니다. 한자에 대한 거부감 없이 낯선 한자어를 익숙하게 받아들여야 합니다. 단단해 보이는 한자어를 한자의 뜻, 음으로 살살 풀어서 원하는 문장에 활용해야 합니다. 이런 학생이 결국 서술형 평가에 유리합니다.

국제바칼로레아, 결국 사고력이다

이런 우리나라 교육과정의 변화를 더욱 가속화하는 국제 공인 교육과정이 있습니다. 바로 국제바칼로레아, 일명 IB(International Baccalaureate) 교육과정입니다.

'바칼로레아? 프랑스 논술형 졸업시험 아닌가요?'라고 할 수 있지만 그 바칼로레아가 아닙니다. 국제바칼로레아는 스위스에 본부를 두고 있는 비영리 교육기관입니다. 이 기관은 3세부터 19세까지의 학생들에게 교육 프로그램을 제공합니다. 원래는 여러 나라 학생들이 모인 국제학교에서 본국으로 돌아가 각자 다른 체제의 대학입시를 치러야 하는 학생들을 위한 것이었습니다. 공통의 국제 중등교육 수료 시험이 필요했던 것이죠. 이제 갓 50주년이 된 IB교육과정은 빠르게 전 세계 159개국의 학교에 도입되었습니다. 그 이유는 이 교육과정이 지금의 시대가 요구하는 교육을 가장 잘 실현하고 있다고 평가받기 때문입니다. 집어넣는 교육이 아니라 다양한 생각을 이끌어내는 토론 중심 교육, 초학문적 주제 중심 수업, 서·논술형 시험 등이 큰 특징입니다.

"우리는 알고 있다는 것을 어떻게 아는가?"

이 질문은 IB 고등교육과정 중 필수프로그램인 지식론의 핵심 질문이라고 합니다.

"배경지식을 탐구하고 생각에 의문을 갖게 하기."

이것이 창의적인 사고력을 기르는 IB교육의 핵심입니다. 그런데 이 외국의 교육과정이 우리나라와 무슨 상관일까요?

"대한민국 공교육, IB 도입 초읽기에 들어갔다."

IB교육과정을 소개하는 신문 기사의 제목입니다. 이 문구가 현재 상황을 가장 잘 말해주고 있습니다. 그동안 IB교육과정은 영어로 되어 있었기 때문에 우리나라에 도입하기가 힘들었습니다. 최근 한국어가 정식 언어 중 하나로 채택되었고 번역 작업이 이루어지고 있습니다. 실제로 제주, 대구, 부산 교육청에서는 시범학교를 선정하였습니다. 외국어고나 국제학교가 아닌 일반고에서도 벌써 인증받은 학교가 나타났습니다. 특히 우리나라와 교육 환경이 비슷한 일본에서 먼저 이 IB가 도입되었습니다. 최근 일본은 우리나라의 수능 같은 객관식 위주의 대입 시험을 폐지하고 서·논술형 시험을 포함하기로 했습니다. 일본의 이런 교육혁명은 우리나라에도 시사하는 바가 큽니다.

한자로 어휘력과 사고력을 높여라

우리나라도 도입된 지 30년 된 현재 수능을 개편해야 한다는 목소리가 끊임없이 나오고 있습니다. 4차 산업 혁명 시대에 필요한 역량을 제대로 평가할 수 없다는 것이죠. '자격고사화'와 '절대평가 전환'에 대한 논의와 검토가 이미 이루어지고 있습니다.

결국 교육과정이나 입시제도가 어떻게 바뀌든 절대평가와 서·논술형 시험은 거스를 수 없는 대세가 되었습니다. 이제 빠른 시간에 정답을 맞히는 공부에서 벗어나야 합니다. 개념에 대한 정확한 이해를 바탕으로 스스로 탐구하고 깊이 생각하는 공부가 더 중요합니다. 정해진 답을 찾기 위한 공부에는 '나의 의견'은 오히려 불필요했습니다. 하지만 이제는 모든 현상과 사물에 대해 '왜?'라는 질문을 던지고 스스로 답을 구해야 합니다. 비판적인 사고로 자신만의 관점을 가지는 과정이 필요하지요.

결국 어휘와 사고(思考)가 공부의 기본입니다. 한자는 이것을 고급스러운 어휘와 고차원적인 사고로 높여주는 역할을 합니다. 인문 고전 특히 한자로 된 동양 고전은 간결한 문장에 함축적인 의미를 담고 있습니다. 독자들이 다양한 질문을 던질 수 있고 스스로 답을 구하기 위해 철학적 사유를 해야 합니다. 이렇듯 인문 고전을 읽는다는 것은 생각하는 방법을 훈련하는 과정과 같습니다.

시대가 바뀌었습니다. 그에 따라 교육과정과 입시제도도 바뀝니다. 지식의 양이 중요했던 시대에서 상상력과 창의력을 발휘할 수 있는 고차원적인 사고가 중요한 시대가 되었습니다. 한자 공부만으로 모든 것이 해결되지 않습니다. 하지만 공부의 기본기인 '어휘와 사고'를 탄탄하게 해주는 출발점이 될 수 있습니다. 고급스러운 어휘와 고차원적인 사고로 무장된 아이는 교육의 본질을 꿰뚫습니다. 어떤 변화에도 흔들리지 않습니다.

2장

어휘력과
문해력을
수직 상승시켜라

문해력의 시작은 어휘력이다

- **카드 뉴스:** 주요 이슈나 뉴스를 이미지와 간략한 텍스트로 재구성해 보여주는 형태.
- **스압 주의:** 글이 길어 스크롤바가 가늘게 되어 계속 내리게 되는 것을 예고하는 것.
- **북 트레일러:** 새롭게 출간된 책을 소개하는 짧은 동영상.
- **쇼츠:** 길이가 60초 이하인 세로 동영상.

이 신조어들의 공통점은 바로 긴 글을 읽기 어려워하는 현대 사회의 특징을 잘 보여주고 있다는 점입니다. 2020년 5월 초, 코로나19로 인해 온라인 개학이 이루어졌습니다. 처음 맞는 상황에 교사도 학생들도 매우 혼란스러웠지요. 교사들은 급히 학급 단톡방을 개설하고 수많은 공지 사항을 비대면으로 전달해야 했습니다. 그런데 학생들이 공지 사항을 읽고도 내용을 이해하지 못하는 상황이 벌어졌습니다.

"온라인 수업 수강 신청을 어떻게 하는 거예요?"

"공지 사항을 읽었는데 그래서 언제 등교하라는 거죠?"

"이런 경우에 저는 자가 격리 대상자인가요? 아닌가요?"

평소와 같이 교사나 친구가 옆에서 자세히 말로써 설명해줄 수 없었기 때문이지요. 그래서 교사들은 따로 '카드 뉴스'를 만들어 학생들에게 배포할 정도였습니다. 선생님도 답답했지만, 글을 읽어도 내용을 이해하지 못하는 학생들도 고통스러웠습니다.

이제 긴 글은 '스압 주의'라는 말로 표현될 만큼 경계 대상이 되었습니다. 긴 영상마저도 지루합니다. 60초 이하의 짧은 영상인 '쇼츠'가 대세입니다. 학교에서는 학생들이 책을 읽지 않으니 영화의 예고편과 비슷한 '북 트레일러'를 보고 독후감을 작성하라는 과제를 내줄 정도입니다.

문해력 열풍이 부는 이유

그런데 이러한 무엇이든 짧고 간단한 것이 환영받는 시대에 경종이라도 울리듯 등장한 단어가 있습니다. 바로 '문해력'입니다. 2021년 3월 〈EBS 당신의 문해력〉이 방영된 이후 문해력은 사회적 이슈가 되었습니다. 문해력 열풍이라 해도 과언이 아닐 만큼 문해력이란 타이틀이 붙은 문제집, 자녀교육서, TV 프로그램, 강연 등이 최근 2년간 쏟아져 나왔습니다. 왜 사람들은 문해력에 그토록 주목했을까요? 최근 수업 시간에 학생들이 이런 이야기를 많이 했어요.

"저 요즘 머리가 잘 안 돌아가는지 책이 잘 안 읽혀요."

"글을 읽었는데 무슨 말인지 모르겠어요."

쓰기 쉬운 과학적인 한글 덕분에 우리나라의 문맹률은 매우 낮습니다. 그런데 분명 글은 읽을 수 있는데 의미를 이해하지 못하는 기현상이 벌어집니다. 짧고 간단한 것에 익숙해지니 분량이 조금 길어지거나 내용이 복잡한 글은 더욱 그렇습니다. 문해력은 사람들의 이러한 가려운 부분을 콕 집어 긁어주었던 겁니다. 내가 글을 읽어도 이해하지 못했던 이유가 바로 '문해력이 부족해서였구나'라는 것을 알게 되었죠.

그래서 사람들은 더욱 문해력에 관심을 가지고 어떻게 문해력을 기를 수 있는지 방법에 대해 알고 싶었던 거지요. 특히 코로나19 팬데믹으로 비대면 수업이 이루어지자 30퍼센트 이상의 학생들이 학습 손실을 경험했습니다. 대면 수업이 이루어질 때에 비해 주 양육자의 학력과 경제력으로 인한 학습 격차는 크게 벌어졌고 많은 전문가들은 문해력을 원인으로 꼽았습니다.

사실 저는 〈EBS 당신의 문해력〉을 통해 문해력이라는 용어를 처음 들었습니다. 아마 대부분의 사람이 그럴 겁니다. 2019년 가을,

우리나라에서 열린 OECD 간 국제교육컨퍼런스에서 '러터러시(literacy)'라는 용어가 언급되었습니다. 이것을 '문해력'이라고 번역하면서 우리나라에도 널리 쓰이게 된 것입니다.

읽을 수 있는 것과 이해하는 것은 다르다

문해(文解)는 원래 문맹(文盲)의 반대말로 글을 읽을 줄 안다는 좁은 의미였습니다. 하지만 지금 우리가 쓰는 문해력(文解力)은 '글을 읽고 해석해 문제를 해결하는 능력'이라는 넓은 의미로 사용되고 있습니다. 그렇다면 우리가 그동안 쓰던 독해력이라는 단어와는 무슨 차이가 있을까요? 글을 읽는 과정을 살펴보겠습니다.

- 글자를 읽는다 → **식자력**
- 단어의 뜻을 안다 → **어휘력**
- 글을 읽고 해석한다 → **독해력**
- 내용을 이해하고 추론한다 → **사고력**
- 새로운 의미를 창출하고 문제를 해결한다 → **문해력**

이 모든 과정을 포함하는 가장 상위개념이 문해력이라는 것을 알 수 있습니다. 우리나라 문맹률은 1퍼센트이기 때문에 식자력을 제외하면 문해력의 시작은 바로 어휘력입니다. 많은 교사들은 아이들이 어휘를 잘 몰라 수업 진행에 어려움을 겪는다고 토로합니다. 대학의 교수들도 마찬가지입니다.

순발력 있게 기지를 발휘하여 위기를 모면했다.
자주 바뀌는 정책이 국민들에게 큰 혼란을 야기했다.
전쟁의 가장 큰 피해자는 무고하게 희생된 국민들이다.

저도 수업 시간에 위의 단어를 물어보면 학생들은 정확한 뜻을 말하기보다 느낌으로 대답합니다.

"대충 보니까 '기지'는 좋은 말이고 '야기'와 '무고'는 나쁜 말 같아요."

읽을 수 있으면 뜻을 안다고 착각하는 경우가 많습니다. 감으로 알고 넘어가는 것이죠. 영어 단어는 열심히 외우고 쪽지 시험도 보지만 모국어 단어는 당연히 안다고 생각해 따로 공부하는 노력을 기울이지 않습니다.

글을 읽고 이해할 때 어휘력이 얼마나 중요한가를 눈으로 확인할 수 있는 실험이 있었습니다. 〈EBS 당신의 문해력〉에 나온 '어휘력 수준에 따른 시선 추적 비교 실험'인데요. 어휘력 점수가 낮은 학생들은 쉬운 어휘들로 이루어진 글은 끝까지 잘 읽어 내려갔습니다. 하지만 같은 내용의 글이지만 어휘 수준이 높아지자 결국 글을 끝까지 읽지 못했습니다. 특히 '산패'와 같은 어려운 단어가 나타나자 시선이 흔들리기 시작했고 읽다가 멈추거나 앞으로 되돌아가는 등의 모습을 보였습니다. 반면 어휘력 점수가 높은 학생들은 어려운 단어가 등장해도 시선이 흔들리지 않고 일정한 속도로 쭉 읽어나갔습니다. 오히려 어휘 수준이 높은 글이 정확한 내용을 이해하는 데 도움이 되었다고 말합니다.

책을 많이 읽는다고 문해력이 높아지지 않는다

최근 문해력이 대두되자 많은 학부모들이 특히 독서에 관심을 가집니다. 책을 읽을 때 글의 90퍼센트 이상 어휘를 잘 알고 있으면 술술 읽히고, 70퍼센트 이상이면 대강의 내용을 이해할 수 있는 정도라고 합니다. 하지만 그 이하면 읽었지만 내용을 전혀 이해하지 못합니다. 어휘가 낮으면 독서에도 흥미를 잃습니다.

'아이가 집중력이 부족하고 주의가 산만해서 책을 좋아하지 않는다'라는 생각이 든다면 어휘가 부족해서 읽고 싶어도 내용을 이해하지 못해 어려움을 겪고 있지 않은지 체크해봐야 합니다. 독서와 문해력은 상관관계가 있지만 단순히 책을 많이 읽는다고 해서 문해력이 높아지지 않습니다. 먼저 어휘력이라는 탄탄한 기반을 쌓아주어야 합니다.

그렇다면 어휘력이란 무엇일까요? 우리는 흔히 용어, 단어, 어휘 이 3가지를 구분하지 않고 혼용해서 씁니다. 하지만 용어력, 단어력이라는 말은 사용하지 않습니다. 의미에 약간 차이가 있기 때문이지요.

- **용어**(用語): 어떤 전문 분야에서 주로 쓰이는 말.
- **단어**(單語): 분리하여 자립적으로 쓸 수 있는 말.
- **어휘**(語彙): 어떤 일정한 범위 안에서 쓰이는 단어의 수효. 또는 단어의 전체.

단어의 단(單)은 '홑 단'입니다. 혼자서도 쓸 수 있는 말이지요. 어휘의 휘(彙)는 '무리 휘'로 말의 무리, 말 주머니라고 이해하면 쉽습니다. 주머니 안에 얼마나 많은 단어가 있는지, 그것을 자유자재로 꺼내 쓸 수 있는지가 바로 어휘력입니다. 말 주머니가 커지면 생각 주머니가 커집니다. 그만큼 표현할 수 있는 도구들이 많아집니다. 냉장고에 신선하고 좋은 식재료가 많다면 당연히 좋은 요리가 만들어집니다. 하지만 아무리 일류 요리사라 하더라도 냉장고에 재료가 별로 없다면 다양하고 맛있는 요리를 만들기 힘든 것과 같은 이치겠지요.

"내 언어의 한계는 내 세계의 한계다"

철학자 루트비히 비트겐슈타인의 말입니다. 내가 알고 있는 어휘만큼 내가 이해하는 세계가 결정되기 때문입니다.

우리는 짧고 간단한 것에서 단편적인 지식을 손쉽게 소비하는 시대에 살고 있습니다. 하지만 또 '문해력'의 시대에 살고 있습니다. 사람들은 글을 읽어도 이해하지 못하는 원인을 문해력에서 찾고 어느 때보다 문해력의 중요성을 여실히 느끼고 있습니다. 문해력은 글을 읽고 의미를 파악하는 능력이며 더 나아가 문제를 해결하는 능력까지 포함합니다. 우리 아이들의 공부 및 성적과 밀접한 관련이 있으면서 전 생애에 걸친 생존 능력이 되었습니다. 그 시작과 뿌리는 바로 어휘력입니다. 어휘에서 막힌다면 글을 끝까지 읽어나갈 수 없습니다. 그렇다면 문해력의 핵심인 어휘력은 어떻게 키울 수 있을까요?

어휘력의 핵심은 한자다

다음 중 한자어는 모두 몇 개일까요?

물론 너의 의견이 옳다. 조만간 좋은 소식이 있을 것이다. 적은 수입으로 근근이 살아간다. 누누이 당부한 일이다. 사람들이 서서히 모여들었다. 나는 할아버지의 임종을 지키지 못했다. 원인이 없으면 결과도 있을 수 없다.

학기 초에 제가 아이들에게 실제로 물어보는 문제입니다. 처음에는 정확한 답을 말하는 학생들이 별로 없습니다. 그래서 "생각보다 더 많다"라는 힌트를 주고 다시 풀어보게 합니다. 답은 12개입니다. 물론(勿論), 의견(意見), 조만간(早晩間), 소식(消息), 수입(收入), 근근(僅僅)이, 누누(累累)이, 당부(當付), 서서(徐徐)히, 임종(臨終), 원인(原因), 결과(結果)가 한자어입니다. 아이들이 "이것도 한자였어요?"라고 놀라는 경우가 많죠. 명사뿐 아니라 우리가 흔히 쓰는 조사나 부사도 어원을 따져보면 한자어인 경우가 많습니다. 알게 모르게 우리는 많은 한자어 속에서 살아가고 있습니다.

문제를 풀 때도, 드라마를 볼 때도 어휘는 중요하다

과학과 종교의 관계에 대한 아인슈타인의 견해를 추론한 것으로 가장 적절한 것은?

아인슈타인은 과학은 현재 있는 그대로의 실재를 파악하는 일에만 관심을 두고 종교는 '인간이 어떻게 살 것인가'라는 가치 판단에만 관계하는 것이라고 보았다. 그리하여 그는 '종교 없는 과학은 무력하고, 과학 없는 종교는 눈먼 것이다'라고 표현하였다.

① 상호 배타적 ② 상호 호혜적 ③ 상호 보완적 ④ 상호 모순적

위 문항은 〈EBS 당신의 문해력〉 제작팀에서 실시한 문해력 테스트 문제 중 하나입니다. 정답을 찾으셨나요? 답은 ③번입니다. 그렇게 난이도가 높은 문항은 아니었지만 배타, 호혜, 보완, 모순이라는 어휘는 모두 한자어이며 이 한자어들의 뜻을 알고 있어야 풀 수 있는 문제입니다.

아래 글을 참고하여 과학과 종교의 관계에 대한 아인슈타인의 견해를 추론하시오. (1가지 이상의 예시를 포함하여 작성할 것)

만약 문제가 이렇게 서술형으로 출제된다면 어휘는 더욱 중요해집니다. '보완적'이라는 어휘의 뜻을 정확히 알고 답으로도 작성해낼 수 있어야 합니다.

이처럼 문해력에서 어휘력이 차지하는 비중은 매우 큽니다. 문제 해결에 절대적 영향을 끼칠 수 있죠. 최근 인기 있었던 드라마 〈이상한 변호사 우영우〉에서 "이 권모술수 권민우가!"라는 대사가 나왔습니다. 그 이후 권모술수가 상위 검색어에 올랐는데요. 권모술수(權謀術數)란 '목적 달성을 위해 수단과 방법을 가리지 않는 모략이나 술책'을 말합니다. 권모술수의 뜻을 알지 못하면 저 대사가 나온 장면을 제대로 이해하지 못했을 겁니다. 풍부한 어휘력은 인식과 생각의 영역을 넓혀주고 감정을 더욱 섬세하게 표현할 수 있도록 해줍니다.

문해력과 함께 어휘력이 중요해지자 한자 학습에 대한 관심이 다시 뜨거워졌습니다. 특히 사교육 시장이 가장 먼저 반응했습니다. 2022년 9월 기사에 따르면, 유·초등 학습지로 유명한 구○학습의 한자 회원 수가 직전 같은 기간 대비 96퍼센트 증가했다고 합니다. 많은 학부모들이 교과서나 생활에서 자주 쓰이는 필수 한자어를 따로 학습할 필요가 있다고 느꼈기 때문이죠. 어휘력의 핵심은 바로 한자입니다. 어휘에서 한자가 차지하는 비중과 역할은 큽니다.

한국어는 한자어, 고유어, 외래어, 혼종어로 구성되어 있습니다. 국립국어원에서 《표준국어대사전》에 실린 표제어를 중심으로 그 비율을 조사했더니 한자어 58.5퍼센트, 고유어 25.9퍼센트, 혼종어 10.9퍼센트, 외래어 4.7퍼센트였습니다. 우리가 사용하는 말의 10개 중 6개가 한자를 바탕으로 만들어진 말, 즉 한자어라는 것을 알 수 있습니다.

한자는 정확하고 세분화된 의미를 표현할 수 있다

한자어는 한국어에서 차지하는 높은 비중만큼이나 중요한 역할을 합니다. 정교하고 섬세한 표현을 할 수 있으며 조어력이 뛰어납니다. 고유어와 한자어는 흔히 '일 대 다 대응'을 이룹니다. '나누다'에 해당하는 한자어에는 분류하다, 구분하다, 분석하다, 구별하다, 분할하다 등이 있습니다. '갖추다'에 해당하는 한자어에는 겸비하다, 대비하다, 구비하다, 정비하다 등이 있죠. 이러한 고유어와 한자어 대응은 실제 수능이나 모의고사 국어영역에서 자주 출제되는 문제이기도 합니다. 다음은 고3 전국연합 학력평가 문항을 일부 변형한 것입니다.

밑줄 친 단어의 의미에 대응하는 한자어를 연결한 것이다. 적절하지 않은 것은?

① 낡아진 가방의 지퍼를 고쳤다. → 수정(修正)
② 날씨 때문에 행사 계획을 대폭 고쳤다. → 변경(變更)
③ 낡은 방식을 새로운 시대에 맞게 고치기로 했다. → 개혁(改革)
④ 게으르고 미루는 습관을 이번 기회에 고쳐야겠다.
→ 교정(矯正)
⑤ 외국에서 선진기술을 들여온 이 병원은 병을 잘 고친다.
→ 치료(治療)

답은 ①번입니다. '가방의 지퍼를 수선(修繕)하다'가 맞는 표현입니다. 수정, 변경, 개혁, 교정, 치료 등은 '고치다'로 대체가 가능하지만 '고치다'라는 고유어는 아무 한자어로 바꿀 수 없습니다. 고유어는 문맥 속에서 의미가 달라지는 데 비해 한자어는 그 자체로 이미 의미를 설정하고 있기 때문입니다. 한자어들의 미묘한 차이를 정확히 알고 있어야 문제를 풀 수 있습니다.

한자는 조어력이 뛰어나다

조어력(造語力)은 말을 만드는 능력입니다. 축약성과 간결성을 가진 한자는 2, 3글자를 조합하여 새로운 단어를 만들어내기 쉽습니다. 그래서 한자가 들어간 파생어와 합성어가 많습니다. 하나의 한자를 알면 그 한자가 들어간 많은 어휘의 뜻을 파악하기 쉽고 유추할 수도 있습니다.

예를 들면 '아닐 미(未)' 자를 안다면 미혼(未婚), 미성년자(未成年者), 미비(未備), 미안(未安)하다 등의 어휘들로 확장할 수 있습니다. '느낄 감(感)' 자를 안다면 예감(豫感), 실감(實感), 책임감(責任感), 자신감(自信感) 속의 감이 '느끼다'라는 의미라는 것을 알 수 있습니다. 이렇게 한자는 어휘의 낚싯대가 됩니다. 하나의 한자를 통해 많은 어휘들이 줄줄이 낚여집니다. 어휘에 같은 한자가 들어 있다면 의미에 공통된 요소가 있다는 것을 알아챌 수 있습니다.

또한 새로운 개념이 생기거나 신조어를 만들어낼 때도 조어력이 뛰어난 한자를 효율적으로 사용할 수 있습니다. 특히 최근 영어와 한자가 결합된 신조어의 비율이 많이 증가했는데 여기에도 한자어가 많이 쓰입니다. 출석(出席)+체크(check), 경영(經營)+마인드(mind), 인증(認證)+샷(shot), 멘(mental)+붕(崩) 등입니다. 앞으로도 수많은 신조어를 만날 우리가 한자 공부를 소홀히 할 수 없는 이유입니다.

한자는 한국어에서 차지하는 비중이 높고 정확하고 세분화된 의미를 표현할 수 있습니다. 한자는 '하나를 들으면 열을 아는' 똑똑한 아이를 만들어줍니다. 한자 한 글자를 통해 많은 어휘의 뜻을 파악하고 추측할 수 있습니다. 하나의 글자에 뜻이 축약되어 있기 때문에 짧고 간결하게 새로운 말을 만들어낼 수도 있습니다. 《타이탄의

도구들》에서 팀 페리스는 이렇게 말합니다.

"가장 좋은 사전을 가진 사람이 가장 큰 성공을 거둔다."

가장 좋은 사전은 바로 풍부한 어휘력입니다. 한자는 어휘력을 높여줄 필수 도구입니다. 한자에 대한 거부감을 버리고 한자의 뜻을 통해 한자어를 음미하다 보면 어휘력이 향상될 것입니다. 우리가 체력을 기르기 위해 운동을 할 때 맨손으로 하기보다 적절한 도구를 사용하면 그 효과가 극대화되는 것과 같습니다. 문해력이라는 기초 체력을 기르기 위해 어휘 근육을 만들어야 합니다. 그 근육을 만들어줄 한자 아령이 필요합니다.

문해력의 시작은 어휘력입니다. 어휘력의 핵심은 한자입니다. 결국 문해력은 한자입니다.

한자 한 글자에 깨달음 한 꼭지

學而時習之, 不亦說乎

학이시습지, 불역열호

배우고 때때로 그것을 익히면 또한 기쁘지 아니한가.

《논어》의 첫 문장입니다. 누구나 한 번쯤 들어본 유명한 구절이죠. 수업 시간에 아이들과 이 문장을 공부하면 아이들의 반응은 심드렁합니다. 안 그래도 공부 소리가 지겨운데 거기에 기쁘다니요. 도저히 이 문장이 와 닿지 않습니다. 그래서 아이들의 눈높이에 맞추고자 제 경험담을 먼저 들려줍니다.

"선생님이 예전에는 수영이 취미였어. 2년 동안 매일 열심히 다녔는데 처음에는 물에 뜨지도 못해서 자유형도 겨우 배웠지. 레인의 처음부터 끝까지가 50미터인데 꼭 중간에 한 번 멈춰 서서 숨을 쉬고 다시 출발해야 갈 수 있었어. 그런데 열심히 배우고 연습하니 어느 순간부터 50미터를 멈추지 않고 한 번에 쭉 갈 수 있게 되었지. 그때 엄청 뿌듯하고 기쁘더라."

이렇게 말하면 아이들은 "아, 나도 그런 적 있었는데" 하면서 저 문장과 자신의 경험을 조금씩 연결해봅니다. 그렇게 아이들이 이 문장을 약간 가깝게 느낄 때 익힐 습(習)에 대해 설명합니다.

"얘들아, 여기 익힐 습(習) 한자를 보면 깃 우(羽)는 새의 날개야. 그리고 흰 백(白)은 일백 백(百)과 같아. 즉 새가 백 번 날갯짓을 하며 나는 연습을 한다는 뜻이지. 너희들 하루 동안 공부에 투자하는 시간이 대부분이지? 그런데 실제로 공부하는 시간은 별로 없어. 왜일까? 습(習)이 없어서야. 즉, 새가 날아가려면 누군가의 도움 없이 스스로 날갯짓을 수도 없이 연습해야 해. 자신의 것으로 만들 시간이 필요한 거지. 학교나 학원에서 수업을 듣는 건 모르는 것을 배우는 학(學)의 시간이야. 그것을 내 것으로 만들기 위해 스스로 익히는 습(習)의 시간이 진짜 공부지. 하루 중 꼭 그런 시간을 가져보길 바라."

그러면 아이들은 습(習), 한 글자를 통해 자신의 공부 태도를 잠깐이라도 돌아보게 됩니다. 한자의 매력은 바로 여기에 있습니다. 한 글자를 요리조리 살피다 보면 깨달음을 얻습니다.

유일하게 살아남은 표의문자, 한자

앞 장에서 언급했듯이 한자는 뜻을 나타내는 표의문자입니다. 역사적으로 처음 생겨난 문자들은 대부분 표의문자였습니다. 수메르 쐐기 문자, 이집트 상형문자, 중국의 갑골문 등 사물의 형상을 그대로 베끼거나 그림에 가까운 글자가 문자의 시작이었습니다. 그러나 표현해야 할 뜻만큼 글자 수도 늘어나야 한다는 한계 때문에 대부분 표음문자로 변했습니다.

하지만 신기하게도 한자는 표의문자로서 지금까지 남아 있습니다. 중국의 넓은 땅덩어리에 다양한 민족들이 살고 수많은 방언들이 있습니다. 표음문자로는 공통된 언어를 만들기에 한계가 있어 표의문자로서의 한자를 썼을 겁니다. 대표적으로 보통화와 광동어를 보면 같은 한자를 쓰지만 발음과 억양이 다릅니다. 그래서 중국에서는 TV를 볼 때 자국의 방송이라도 자막을 켜둔 채 보는 경우가 많다고 합니다.

한자는 글자마다 자기만의 이야기를 가지고 있습니다. 한자는 글자가 만들어진 원리를 알면 쉽게 익힐 수 있습니다. 설 립(立) 두 개를 써서 두 사람이 나란히 있다는 뜻의 나란하다 병(竝)을 만들었습니다. 또 문 문(門)과 입 구(口)를 합치면 입으로 물어본다는 뜻과 문이라는 음으로 결합해 물을 문(問)이 되는 것이죠. 이렇게 한자를 뜯어보면 재미가 있습니다. 외우기도 쉽고요. 《논어》에 나오는 공자의 핵심 사상인 인(仁)은 사람 인(人)과 둘 이(二)가 합쳐진 글자입니다. 사람 인(人)을 두 번 반복한다는 뜻이죠. 인(人) + 인(人) 즉, 사람이 사람다워지는 마음을 말합니다. 한자를 쪼개어 분석하고 조합하면 이처럼 인(仁)의 개념을 더 잘 이해할 수 있습니다.

생각하게 하는 글자, 한자

그런데 그런 자원을 모두 알 필요는 없습니다. 한자 안에 들어가 있는 부수로도 유추가 가능하고 또 정확하지 않더라도 내 방식대로 분석할 수도 있습니다. 그 과정 자체가 중요합니다. '왜 이 글자는 이런 뜻과 음을 가지게 되었을까?' 하고 생각하다 보면 저절로 사고력이 길러집니다. 《한자는 어떻게 공부의 무기가 되는가》에는 피로(疲勞)와 피곤(疲困)을 비교하여 설명하는 내용이 나옵니다.

"수고로울 로(勞)는 힘 력(力)이 들어가 있기 때문에 힘써 일한 결과이고, 곤할 곤(困)은 나무의 사방이 모두 막혀 있는 모습으로 정신적인 힘듦을 말하는 것이다."

물론 이 작가의 개인적인 견해입니다만 피로와 피곤의 한자를 분석해 육체적 힘듦과 정신적 힘듦으로 나누었습니다. 꽤 그럴듯한 해석입니다. 이처럼 한자는 생각하게 하는 글자입니다. 한자 한 글자를 통해 단어에 어떻게 활용되는지도 공부할 수 있습니다.

이번에는 거꾸로 해볼까요? 저는 수업 시간에 아이들이 '한자가 만들어진 원리'를 쉽게 이해할 수 있도록 한자를 직접 만들어보게 합니다. 새로운 문물이나 개념에 대한 한자를 상형, 지사, 회의, 형성 중 한 가지 방법을 이용해 만들어보는 것이죠.

예를 들면 닭 계(鷄)와 기름 유(油)를 합치면 무슨 글자가 될까요? 닭을 기름에 튀겼으니 '치킨'이 되겠죠. 닭 계(鷄)에서 새 조(鳥)의 일부를 빼고 기름 유(油)의 유(由)를 합쳐 하나의 글자를 만들었어요. 여기에 유(由) 대신에 '절반'을 뜻하는 반 반(半)을 합치면 바로 '반반치킨'이 됩니다. 아이들은 스스로 이렇게 스토리를 만들고 한자를 조합하면서 창의력과 상상력을 기릅니다.

학생들이 직접 만든 한자들

水	苦		電	味	
물 수	쓸 고	커피 커	전기 전	맛 미	탄산 탄
鷄	油		鷄	半	
닭 계	기름 유	치킨 치	닭 계	반 반	반반치킨 반

유명한 아역배우 출신이면서 한의사가 되어 언론의 주목을 받았던 김태진은 《전 과목 성적 잡는 한자의 힘》에서 한자 공부를 하면서 글자를 확실하게 기억할 수 있는 방법으로 '연상 암기법'을 소개합니다. 다소 어렵고 추상적인 것을 연상 작용을 통해 내용을 만들

고 이미지를 떠올려 기억해낼 수 있게 해서 한자를 쉽게 공부하는 것이죠.

- **붉을 적**(赤) = 흙 토(土) + 불 화(火) → 흙을 불에 구우면 붉은 색깔이 된다
- **생각 념**(念) = 이제 금(今) + 마음 심(心) → 현재 마음속에 있는 생각

김태진은 이렇게 스스로 능동적으로 생각하는 과정이 다른 과목을 학습할 때에도 공부 효율을 높여주었다고 합니다.

우리의 문화가 담긴 글자, 한자

한자를 공부하다 보면 그 안에 담긴 선인들의 사상과 가치관도 알 수 있습니다. 생활 속에서 자주 쓰이는 길 장(長)과 즐거울 락(樂)을 살펴볼게요.

길 장(長)은 '길다'라는 뜻 이외에도 사장, 반장처럼 대표나 우두머리의 뜻도 가지고 있습니다. 장(長)은 수염이 긴 노인의 모습을 본뜬 글자입니다. 옛날에는 수염이 긴 노인을 어른 대접하며 마을의 우두머리로 삼았기 때문에 어른, 대표, 우두머리 등의 뜻도 가지게 된 것입니다. 즐거울 락(樂)은 나무 위에 악기를 둔 모습을 본뜬 글

자입니다. 그래서 본래 뜻과 음은 '음악 악'입니다. 그런데 악기를 연주하면 어떤가요? 기분이 신나고 즐겁죠? 그래서 '즐겁다'라는 뜻도 가지게 되었습니다.

수업 시간에 좌천(左遷)이라는 단어에 대해 공부할 때였습니다. 좌천은 한자 그대로 하면 '왼쪽으로 옮기다'라는 뜻입니다. 이런 본래의 뜻에서 '낮은 관직이나 지위로 떨어지거나 외직으로 전근되다'라는 뜻으로 확장되어 사용됩니다. 그런데 한 학생이 "왜 왼쪽일까요? 오른쪽이면 안 되나요?"라고 질문하더군요. 그래서 좌우명(座右銘)이라는 단어의 의미를 함께 들려주었습니다.

"우리가 자주 사용하는 좌우명이라는 단어는 늘 곁에 두고 가르침으로 삼는 말이나 문구를 뜻해. 한자를 살펴보면 앉은 자리(座)의 오른편(右)에 새겨(銘) 놓은 글이란 뜻이지. 그런데 이 단어에서는 왜 오른쪽 우(右)가 쓰였을까? 왼쪽이면 안 될까?"

질문은 아이들에게 생각의 문을 열어줍니다. 이 두 단어를 통해 우리는 선인들의 왼쪽과 오른쪽에 대한 견해를 알 수 있습니다. 옛 사람들은 왼쪽보다 오른쪽을 더 높고 중요한 것이라 여겼습니다. 오른쪽 선호 사상이 이런 단어들 속에 반영되어 있는 것이죠.

한자는 하나의 글자가 각각 뜻을 나타내는 뜻글자입니다. 한자에는 모두 그 한자가 만들어진 이야기가 있습니다. 그 이야기를 이해하고, 만들어봄으로써 사고력이 발달합니다. 깊이 있는 사유가 가능하며 이것은 곧 상상력과 창의력으로도 연결됩니다. 한자에는 그 사회가 공유했던 문화, 감정, 가치관이 들어 있습니다. 한자를 분석하며 의미를 발견하는 기쁨을 느낍니다. 그렇다면 앞서 언급한《논어》의 첫 문장을 이렇게 바꿔볼 수 있지 않을까요?

한자를 공부하며 때때로 깨달음을 얻으면 이 또한 기쁘지 아니한가?

한자를 알면 교과서가 쉬워지는 이유

A 학생이 오늘 있었던 일에 대해 친구에게 말합니다.

"대박, 오늘 아침부터 카드가 없어져서 엄청 빡쳤어. 학교에서 일찍 나와서 은행에 갔는데 그 앞에 앉아 있는 사람 있잖아. 그 사람한테 다시 만들어달라고 했는데 띠껍게 말하더라. 내가 아직 어려서 엄마 데리고 오래."

같은 상황이지만 B 학생은 이렇게 말합니다.

"오늘 아침부터 카드가 없어져서 당황스러웠어. 학교에서 조퇴하고 은행에 가서 창구 직원에게 카드 재발급 신청했어. 그런데 내가 미성년자라서 보호자가 동행해야 가능하대."

두 학생 중 어느 학생이 어휘 구사력이 더 뛰어날까요? B 학생입니다. 요즘 아이들은 대부분 A처럼 말합니다. 글도 거의 구어체를 그대로 옮겨 쓰지요. 비속어나 유행어를 쓰고 정확한 단어보다는 쉬운 단어를 선택합니다. 감정이나 생각을 나타낼 때 활용 범위가 넓은 단어를 씁니다. 애매모호한 지시대명사를 자주 쓰고 고급 어휘를 사용하지 못합니다.

일상생활에서는 이렇게 대화해도 크게 상관없지만 수업 시간에는 어휘 빈곤이 여실히 느껴집니다. 교과서에 나오는 학습을 위한 어휘력이 현저히 부족한 것이죠.

아이들의 어휘 수준보다 교과서 어휘는 더 어렵다

어휘정보처리연구소 ㈜낱말은 서울대 국어교육연구소 김광해 교수와 함께 총 21만 9606개의 어휘를 인지발달 단계에 따라 9등급으로 나눈 어휘 등급 분류표를 개발했습니다.

다음 페이지의 [표1]은 학년별 교과서 및 수준별 도서에 등장하는 어휘의 빈도와 난이도를 기준으로 했습니다. 가장 어려운 어휘는 9등급, 가장 쉬운 어휘는 1등급입니다. 초등학교 5, 6학년에 이미 2만 2,227개의 어휘를 알고 있어야 합니다. 이를 토대로 ㈜낱말에서는 [표2]와 같이 전국 초등학생 5만여 명을 대상으로 실제 학생들의 독해지수(LQ지수)와 국어 교과서 수준을 측정해보았습니다. 초등학교 3, 4학년 학생들의 실제 독해지수는 351점에서 485점인데 국어 교과서에서 요구하는 독해지수는 635점에서 765점입니

[표1] 인지발달 단계에 따른 9등급 어휘 분류표

어휘 등급	어휘량(개)	누계(개)	개념
1등급	1,675	1,675	기초 어휘
2등급	4,063	5,738	초등 1, 2학년
3등급	7,736	13,474	초등 3, 4학년
4등급	8,753	22,227	초등 5, 6학년
5등급	9,697	31,924	중등 1, 2학년
6등급	11,552	43,476	중3, 고 1학년
7등급	16,528	60,004	고등 2, 3학년
8등급	52,987	112,991	저빈도어, 대학 이상 전문어
9등급	106,615	219,606	누락어, 분야별 전문어

다. 실제 독해지수가 교과서에서 요구하는 독해지수보다 낮은 것입니다. 고학년으로 갈수록 이 격차가 점점 더 벌어지는 것을 알 수 있습니다. 학년이 높아질수록 모르는 어휘가 많아서 교과서를 이해하기 어렵다는 의미입니다.

㈜날말 김기형 대표는 학생들의 어휘력 부족 실태와 원인에 대한 객관적 지표를 마련하기 위해 노력했습니다. 그는 한 인터뷰에서 한자 교육 부재가 어휘력 부족으로 이어진다는 지적에 대해 이렇게 말했습니다.

"한자어 등 개념어가 많은 책을 반복적으로 접할수록 어휘력과 독해지수(LQ)가 올라갈 수 있다. 어휘 난이도 분류 시 한자 난이도를 활용해 한글 난이도를 분류하는 이유이기도 하다."

[표2] 학년별 실제 독해지수와 국어 교과서 독해지수 비교

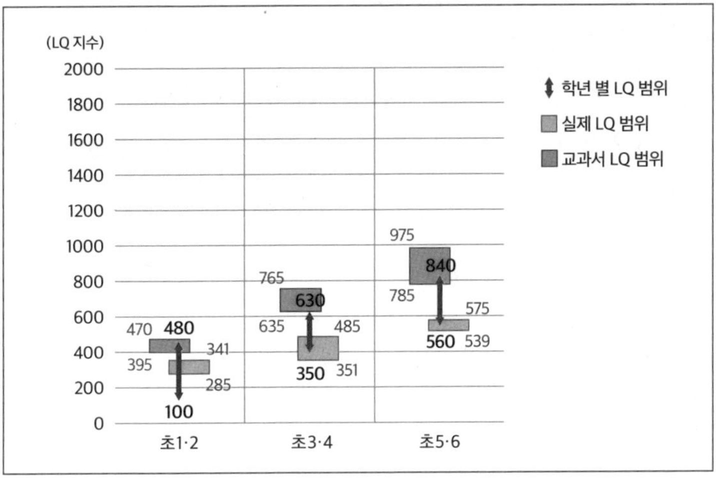

고유어와 외래어에서는 학생들의 수준 차이가 나지 않습니다. 하지만 학년이 올라감에 따라 한자어의 비중이 커지면서 학생들의 실력 차이가 드러납니다.

학습도구어 90퍼센트 이상이 한자어

"우리 아이가 초등학교 때는 공부를 참 잘했는데 사춘기가 와서 성적이 떨어졌어요."

"중학교 때는 그래도 상위권이었는데 고등학교 오니까 중위권도 힘들어요."

그 많던 초등 우등생들은 어디로 갔을까요? 교과목이 늘어나고 교과 공부가 본격적으로 시작되는 초등 4학년, 자유학년제가 끝나고 공식적인 첫 시험 성적이 나오는 중등 2학년, 벼락치기로 성적을 유지하다가 이제 그게 통하지 않는다는 것을 알게 된 고등 1학년이 바로 성적 급변기입니다. 이때 '사춘기가 세게 와서' '친구를 잘못 만나서'에서 원인을 찾을 것이 아니라 어휘력에 발목 잡혀 있는 것은 아닌지 살펴보아야 합니다. 아이들은 대부분 공부를 잘하고 싶어 합니다. 하지만 이해가 되지 않아 어려운 교과서와 수업 앞에서 '나는 역시 안돼' 하며 지레 포기하고 말지요.

교과서를 읽고 수업 내용을 이해하는 데 꼭 알아야 할 어휘를 '학습도구어'라고 합니다. '학습용어' 또는 '개념어'라고 하지요. 인하대학교 신명선 교수는 중학교 3학년 국어, 사회, 과학 교과서에 등장하는 어휘 중 10퍼센트인 2,440개를 학습도구어로 분류했습니다. 아이들에게는 생소한 희귀 단어, 저빈도 어휘들입니다. 일상생활에서 사용하는 어휘가 아닌 주로 학술 텍스트에서 등장하는 단어이기 때문이죠. 2,440개의 목록을 살펴보면 90퍼센트 이상이 한자어입니다. 앞 장에서 언급한 일상 어휘에서 한자어가 차지하는 53퍼센트보다 훨씬 높습니다. 추상적이고 정교한 개념을 나타낼 수 있기 때문에 학문의 깊이가 깊어질수록 한자어가 많아집니다. 학습도구어에 대한 이해가 곧 교과서에 대한 이해이자 학습의 출발점입니다.

〈EBS 당신의 문해력〉에서 중학교 역사 수업 시간을 관찰했습니다. 핵심 어휘의 의미를 먼저 설명해준 후 수업했을 때와 그렇지 않을 때 수업 이해도에 큰 차이가 있다는 것을 알 수 있었습니다. 반정(反正), 붕당(朋黨), 예송(禮訟), 정권(政權), 공론(公論) 등 어휘의 뜻을 먼저 짚어주고 수업을 진행하자 학생들의 흥미와 몰입도가 올라갔고 수업 후 그린 마인드맵의 내용이 훨씬 구체적으로 바뀌었습니다. 실제로 어느 한문 선생님께서 중학교 1학년 수업 시간에 교과서 핵심 어휘를 한자로 풀어주는 수업을 한 달 정도 진행했는데 아이들의 반응이 뜨거웠다고 합니다.

"이게 이런 뜻이었어요? 치외법권(治外法權) 같은 어휘를 한자로 풀이하니 더 쉽고 오래 기억할 수 있어 좋았어요."

"핵심 단어들을 먼저 공부하니 수업을 알아들을 수 있고 집중이 더 잘돼요."

문맥을 통해 뜻을 파악하는 데는 한계가 있다

그런데 어휘력과 한자 공부가 별 상관이 없다고 주장하는 사람들도 있습니다. 단어의 의미는 한자에 구속되지 않으며 문맥을 통해 뜻을 파악하는 것이라고 합니다. 그 때문에 다양한 독서를 통해 해결이 가능하지 굳이 어려운 한자 공부를 하라고 아이들에게 부담을 가중시킬 필요는 없다고 말합니다. 과연 그럴까요?

어휘에는 도구적 측면과 인지적 측면이 있습니다. 도구적 측면에서 어휘는 말하기, 듣기, 쓰기 등의 언어생활에 도움이 되는 도구입니다. 인지적 측면에서 어휘는 그 자체가 하나의 학습 요소이자 개념입니다. 문맥을 통해 어휘의 뜻을 파악하는 것은 도구적 측면입니다. 폭넓은 독서는 다양한 분야의 어휘를 알고 행간의 의미를 유추하며 글을 잘 읽을 수 있게 합니다. 어휘를 도구적 측면으로만 본다면 마치 한자 공부를 하지 않아도 된다는 몇몇의 의견이 설득력이 있어 보입니다. 하지만 여기에도 한계는 있습니다. 글 속 어휘의 70퍼센트 이상을 알지 못하면 글을 읽어도 이해가 되지 않습니다. 안개가 낀 어렴풋한 상태로 책을 읽고 있는 것이죠. 《우리말 속뜻 사전》으로 유명한 성균관대 전광진 명예교수는 "한글은 독서를 잘하게 하고 한자는 독해를 잘하게 한다"라고 말했습니다. 한자를 공부하면 독서도 더 쉽고 즐거워집니다.

학습의 시작은 한자어 풀이부터

학습과 관계된 어휘는 대부분 인지적 측면입니다. 여기에서는 한자가 특히 더욱 중요합니다. 한자어로 된 어휘 자체가 시험의 답이 되는 키워드입니다. 당장 교과서와 수업 내용이 이해되지 않는데 읽다 보면 '문맥을 통해 어휘의 뜻을 알 수 있게 될 거야' 하면서 시간을 보낼 수는 없는 것이죠. 아이들은 문학작품을 읽는 것이 아닙니다. 개념어를 이해하는 학습에는 좀 더 적극적인 개입이 필요합니다. 마치 운동을 배울 때 전문가가 원포인트레슨을 해주면 실력이 금방 늘듯이 한자로 어휘 공부를 할 때도 포인트를 먼저 짚어주어야 합니다. 그래야 학습 능률을 쉽게 끌어올릴 수 있습니다. 한자 공부가 부담스럽고 어렵다고 하지 않으면 공부는 더욱 어려워집니다.

이에 대해 강조한 사람이 또 있습니다. 바로 메가스터디 손주은 회장인데요. 저는 인터넷강의 1세대입니다. 고등학생 시절 한창 인기 있던 손주은의 사탐 강의를 많이 들었습니다. 그에 대한 개인적인 논란도 많지만 사교육 시장에 한 획을 그은 공부법의 대가임은 틀림없습니다. 그의 강의를 들어보면 그는 용어를 설명할 때 먼저 한자부터 시작합니다. 학습의 시작을 한자어 풀이부터 하는 것이죠. 그리고 이렇게 강조합니다.

"공부는 개념이다. 개념은 용어 안에 있고 용어의 70퍼센트는 한자로 되어 있다."

정확한 단어보다 쉬운 단어를 선택하고 비속어와 유행어에 익숙한 우리 아이들은 어휘 빈곤에 시달립니다. 아이들의 일상 어휘 수준에 비해 교과서 어휘는 더 어렵습니다. 고학년으로 갈수록 격차는 더 벌어집니다. 교과서 어휘의 이해도는 곧 학업성취도와 직결됩니다. 공부를 잘하고 싶지만, 모르는 어휘들이 많으니 수업에 대한 집중력이 떨어집니다. 이때 학습도구어의 이해를 도와주는 것이 바로 한자입니다. 한자어는 한자로 풀이해야 개념을 정확하게 파악할 수 있고 머리에 오래 남습니다. 한자를 공부하면 교과서가 쉬워집니다. 그럼, 이제 구체적으로 교과서 속 어휘들을 살펴볼까요?

교과서 속 한자

아주 쉬운데 잠깐씩 헷갈리는 단어 있으세요? 저는 아직도 운전하거나 누군가에게 길을 알려줄 때 우회전, 좌회전이 헷갈립니다. 그럴 때마다 어릴 적 엄마가 알려주신 대로 "밥 먹는 손이 오른쪽이야"를 떠올립니다. 그러면 금방 '아, 여기가 오른쪽이지' 하고 알아차립니다.

어릴 때는 이륙과 착륙도 자주 헷갈렸어요.

"이륙은 떠날 리(離), 땅 륙(陸). '땅에서 떨어진다'는 뜻이야. 착륙은 붙을 착(着)이니 '땅에 붙는다'는 뜻이야. '도착하다'를 떠올리면 돼"라는 초등학교 4학년 때 담임선생님의 설명을 듣고 나서야 정확히 기억할 수 있었습니다. 지금은 가끔 결제(決濟)와 결재(決裁)가 헷갈립니다. 분명히 알았는데 단어를 적으려고 하면 순간 헷갈려요.

제? 재? 뭐였지? 그럴 때면 저는 이렇게 기억해둡니다.

"결제의 제(濟)는 경제(濟)의 제와 같아. 제(濟)는 '구제하다'는 뜻이야. 돈과 관련이 있지. 결재의 재(裁)는 '옷을 짓다, 만들다'는 뜻이야. 문서를 작성해서 상부에 보고하는 것이지."

이렇게 헷갈리는 단어를 나름의 연상작용으로 기억해두면 유용합니다. 한자어를 한자로 풀이하는 것은 이럴 때 도움이 됩니다. 아이들은 어른들이 쉽다고 생각하는 용어마저도 혼동할 때가 많습니다. 특히 교과서 속 어휘들을 처음 배울 때 한자를 통한 풀이가 오개념을 잡아주고 오래 기억할 수 있도록 해줍니다.

사회 교과서 속 한자

5학년 2학기 사회 교과서에 한국사가 처음 등장합니다. 단군 신화에 대한 설명과 함께 '제정일치'라는 용어가 나옵니다.

> '고조선'이 세워진 이야기를 단군 신화라고 해. 사실 단군왕검은 누군가의 이름이 아냐. 단군이란 하늘에 제사를 지내는 제사장, 왕검은 사람을 다스리는 지배자를 뜻해. 이처럼 옛날에는 종교와 정치가 분리되지 않고 하나로 합쳐져 있었단다. 이러한 형태를 제정일치 사회라고 해.

한자어는 일종의 줄임말입니다. '제사와 정치가 하나인 사회'라는 말을 제정일치 사회로 줄인 것이죠. 이때 '제/정/일치'와 같이 먼저 의미 단위로 개념어를 끊어서 읽도록 합니다. 그런 다음 제사 제(祭), 정사 정(政)으로 각각 풀이해주고 제사는 곧 종교, 정사는 정치를 의미한다고 설명해줄 수 있습니다. 한자를 합쳐 다시 풀이할 때는 《우리말 한자어 속뜻 사전》처럼 한자를 활용해 어휘를 설명한 사전을 활용하면 좋습니다. 같은 한자가 들어간 다른 한자어를 찾아보며 자신만의 어휘 지도를 만들어보는 것도 많은 도움이 됩니다. 정사 정(政)이라는 한자는 다스리다, 즉 '나라를 다스리다'라는 뜻입니다. 이 한자가 들어간 다른 단어들을 찾아보면서 어휘를 확장시켜 나가는 것이죠. 특히 사회 교과에 많이 나오는데요, 정당, 정부, 참정권, 행정구역 등이 있습니다. 교과서 속 핵심어를 공부할 때는 이와 같은 방법으로 학습하면 어휘력을 높일 수 있습니다.

① 의미 단위로 끊어서 읽는다. 예) 제/정/일치

② 한자 낱글자의 뜻과 음을 익힌다. 예) 제사 제(祭), 정사 정(政)

③ 낱글자를 합쳐서 한자어를 풀이한다. 예) 제사는 종교, 정사는 정치

④ 교과서 속 설명을 읽는다.

⑤ 같은 한자가 들어간 다른 한자어를 찾아본다. 예) 정당, 정부, 참정권 등

⑥ 나만의 어휘 지도를 만든다.

4학년 1학기 사회 교과서에는 등고선(等高線)의 개념에 대해 나옵니다. 등고선이란 같은 높이의 지점들을 선으로 연결한 것이죠. 그렇다면 등압선(等壓線)은 기압이 같은 지점을 연결한 선이라는 것을 금방 알 수 있습니다. 이때 같을 등(等)의 한자를 매개로 수학 교과서에 나오는 부등호, 등분 등의 어휘도 한꺼번에 학습할 수 있습니다.

남이 만들어놓은 어휘 지도를 보는 것보다 자신이 직접 만들어보는 것이 더욱 효과적입니다. 나만의 어휘 지도를 만드는 과정을 통해 교과서 속 어휘들이 머릿속에 정리되고 한자어들의 미세한 뜻 차이까지 알아갈 수 있기 때문입니다.

나만의 어휘 지도 만들기

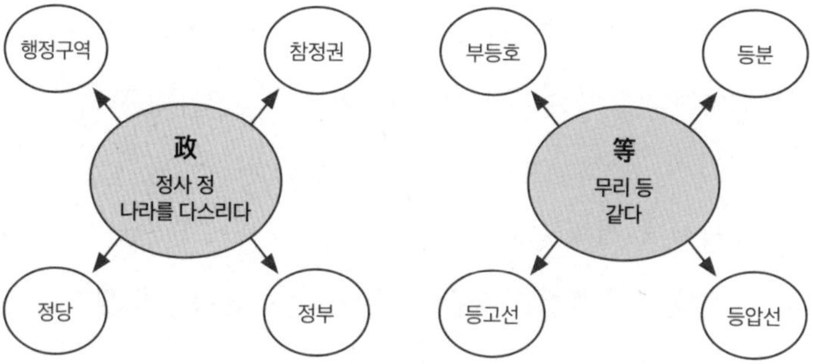

국어 교과서 속 한자

5학년 1학기 국어 시간에는 문장 성분을 이해하고 성분 사이의 호응 관계를 이해하는 단원을 배웁니다. 문법 부분이기 때문에 아이들이 어려워하지요. '주어' '서술어' '목적어' 등의 용어와 함께 호응 관계에 대해 설명되어 있습니다.

> 문장에서 앞에 어떤 말이 오고 짝인 말이 뒤따라오는 것을 호응이라고 해요. 호응이 되지 않으면 문장이 어색해지거나, 전달하려는 뜻이 잘못 전해질 수 있어요.

이때 호응을 한자로 풀이하면 부를 호(呼), 대답할 응(應) '부름에 대답하는 것'입니다. 누군가의 이름을 부르면 그 사람이 대답하는 것입니다. 다른 사람이 잘못 대답하면 안 되겠죠. 문장 성분에도 모두 짝이 있습니다. 앞에서 부르면 그 짝이 대답해야 하는 것이라고 설명하면 아이들이 더욱 쉽게 받아들일 수 있습니다.

국어 시간에는 주로 문학작품을 읽으며 등장인물의 갈등 상황과 해결 과정을 파악합니다. 이때 갈등이라는 단어도 한자를 살펴보면 참 재미있습니다. 칡 갈(葛), 등나무 등(藤)입니다. 글자가 어려워 보이지만 풀 초(艹)가 들어가 있으니 식물과 관련이 있다는 것을 알 수 있지요. 칡과 등나무는 덩굴 식물이라 함께 두면 서로 뒤엉켜 풀 수 없는 상태가 된다고 합니다. 이것이 바로 우리가 말하는 갈등 상황이지요. 사람의 마음 상태를 식물의 특징에 비유하여 표현한 아주 탁월한 한자어라 할 수 있습니다. 한자어의 한자를 알면 어휘에 담긴 배경과 의미까지 깊이 음미할 수 있습니다.

수학 교과서 속 한자

한때 코로나19 거리두기로 '5인 이상 집합 금지' 지침이 논란이 된 적이 있었습니다. 5인이 포함되냐 안 되냐로 사람들이 혼란스러워했는데요. 이 개념은 초등학교 5학년 2학기 수학 교과서에도 나옵니다. 이상(以上), 이하(以下), 미만(未滿), 초과(超過)도 한자로 풀이하면 이해가 더욱 쉽습니다.

이상과 이하의 써 이(以)는 '~로부터'라는 뜻을 가지고 있습니다. 수의 범위에서 기준을 포함한다는 의미입니다. 우리가 자주 쓰는 이전(以前), 이후(以後)의 '이'도 써 이(以)라고 함께 설명해준다면 아이들이 더욱 쉽게 기억할 수 있겠지요. 미만은 아닐 미(未), 찰 만(滿) 아직 다 차지 못한 것입니다. 그에 비해 초과는 넘을 초(超), 지날 과(過) 지나치거나 넘은 것이죠.

5학년 1학기 수학 교과서에는 약수, 공약수, 최대 공약수 개념이 나옵니다. 이 3가지 개념을 다음과 같이 한자어로 풀어보면 문제 풀이가 더욱 쉬워집니다.

- **약수:** 묶을 약(約) + 숫자 수(數) → 어떤 수를 묶어서 나누어떨어지게 하는 수.
- **공약수:** 공/약수, 공평할 공(公) + 약수(約數) → 두 수의 공통인 약수
- **최대 공약수:** 최대/공/약수, 가장 최(崔) + 큰 대(大) → 공약수 중 가장 큰 수.

아이는 이처럼 한자의 뜻을 확인하면서 개념에 대해 일차적으로 이해하고 그다음 교과서의 설명으로 이차적으로 이해하면서 공부의 깊이를 더해갑니다. 지식이 확장될수록 아는 한자어가 많아지고 이러한 과정이 필요하다는 것을 스스로 느끼게 됩니다.

영어 교과서 속 한자

한문 수업 시간에 자주 나오는 한자 중에 하여금 사(使)가 있습니다. '~하여금 ~하게 하다'는 뜻인데요. 제가 이 한자를 설명하면서 아이들에게 영어 시간에 배운 사역동사에 대해 물었습니다.

"사역동사는 5형식이에요. let, make, have예요."

아이들이 갑자기 랩을 하듯 줄줄 사역동사를 외웁니다.

"사역동사의 사가 하여금 사(使)야. 누구로 하여금 어떤 행동을 하도록 시키는 것이지."

그랬더니 아이들이 "아~" 하더군요. 그동안 아이들은 사역동사의 '사역'이 무슨 뜻인지 모른 채 그저 영어 단어만 달달 외우고 있었던 겁니다. 영어의 문법 용어도 주로 일본에서 처음 번역되었기 때문에 한자어가 많습니다. 어려운 표현이 많지요.

'재귀대명사'라는 용어를 처음 들으면 무슨 뜻인지 모릅니다. 재귀(再歸)라는 한자를 들여다보면 다시 재(再), 돌아갈 귀(歸) 즉, 자신에게 다시 돌아온다는 뜻입니다. myself, yourself처럼 주어의 동작이 다시 주어에게 돌아가는 것이죠. '문법 용어가 뭐 이렇게 어려워?'라고 탓할 것이 아니라 한자어에 익숙해지고 모르는 어휘를 만났을 때 한자를 통해 살펴보려는 습관이 필요합니다.

교과서는 사회적으로 인정받은 전문 지식을 체계적으로 압축시켜 놓은 책입니다. 가장 좋은 학습 도구이지요. 다른 어떤 책보다 교과서 읽기가 중요합니다. 여기에는 수많은 학습도구어가 있으며 어떤 과목이든 상관없이 대부분은 한자어입니다. 이 한자어들의 뜻을 이해하는 것 자체가 곧 공부입니다. 감으로 두루뭉술하게 알고 넘어가서는 안 됩니다. 한자어로 되어 있는 핵심어들을 한자로 분석하고 자신만의 어휘 지도를 그려가며 교과서를 읽어나가야 합니다.

한자어에 대한 이해가 교과서 공부의 출발점입니다.

실생활 속 한자

비염이 있는 6세 딸아이와 자주 이비인후과에 갑니다. 어느 날 아이가 엘리베이터에서 층 안내 표지판을 보고 이렇게 물었습니다.

"엄마 우리 몇 층에 가?"

"3층 이비인후과에 가지."

"그럼 2층은? 무슨 병원이야? 4층은?

"2층은 치과, 4층은 내과야"

그 이후로도 아이가 그 병원에 갈 때마다 똑같이 물었어요. 그래서 제가 하루는 이렇게 설명해주었습니다.

"이비인후과는 귀 이(耳), 코 비(鼻), 목구멍 인(咽), 목구멍 후(喉)야. 귀, 코, 목이 아플 때 가는 곳이지. 치과는 이 치(齒)! 이가 아플 때, 내과는 안 내(內)! 배나 가슴이 아플 때 가는 곳이야."

귀, 코, 목, 이, 배도 만져주면서 설명하니 아이가 까르르 웃으며 좋아하더군요. 그 이후로는 또박또박 발음도 잘하면서 "우리 이·비·인·후·과 가는 거지?" 하면서 잘 기억했습니다. 이때 아이에게 한자로 설명해주길 참 잘했다 싶었습니다. '여섯 살 아이에게 어렵게 무슨 한자를 알려줘?'라고 생각하지 않고 오히려 이렇게 알려주니 직관적으로 잘 이해하는 것 같았습니다. 그래서 요즘은 아이에게 자주 실생활 속 한자의 뜻, 음을 이야기해줍니다. 아이는 어릴 때부터 자연스럽게 우리가 흔히 쓰는 단어들에도 한자가 숨어 있다는 것을 알게 되었습니다.

짧고 강렬한 한자어의 힘

몇 년 전, 영화 평론가로 유명한 이동진의 한 줄 평이 논란이 된 적이 있습니다. 바로 영화 〈기생충〉에 대한 것인데요.

"상승과 하강으로 명징하게 직조해낸 신랄하면서 처연한 계급 우화."

이 한 줄을 읽은 대부분의 사람들은 "도대체 무슨 뜻인지 모르겠다" "굳이 이렇게 어려운 단어를 써야 하나"라는 반응이었습니다. 급기야 이동진 평론가는 한 예능 프로그램에 나와 단어들을 하나하나 설명했습니다.

"상승과 하강에는 위, 아래로는 설명되지 않는 동선과 방향이 내포되어 있다. 명징(明澄)은 깨끗하고 맑다는 뜻이다. '명확'과는 다른 의미다. 직조(織造)는 가로줄과 세로줄을 베틀로 짜는 것이다. 이런 단어들은 다른 단어로 대체할 수 없다. 말의 맛이 살지 않는다."

상승, 하강, 명징, 직조. 신랄, 처연, 계급, 우화라는 이 8개의 한자어로 2시간이 넘는 영화를 표현했습니다. 한자어를 통해 세 줄짜리 문장을 한 줄로 줄여 효과적으로 전달한 셈이죠. 그는 임팩트 있는 짧고 간결한 문장을 쓰기 위해 한자어의 유연한 사용이 중요하다고 말합니다. 바로 한자어가 가진 함축성과 조어력 때문입니다. 한자는 표의문자로서 하나의 글자마다 뜻이 담겨 있고 새로운 말을 만들어내기도 쉽습니다.

실생활 속 한자는 소통 능력과 직결된다

그런데 요즘은 오히려 누군가 이런 한자어를 사용하면 비난을 듣습니다. 상대방이 어려운 말을 쓰면 버럭 화를 냅니다. 잘난 체하며 지식을 과시한다고 생각하죠. 특히 한자에 익숙하지 않은 젊은 세대들은 한자어를 쓰는 기성세대를 왜 요즘 사용하지 않는 단어를 쓰느냐며 꼰대 취급하기도 합니다.

앞서 이야기한 교과서 속 한자가 학습 능력과 관계된 것이라면 실생활 속 한자는 소통 능력과 직결됩니다. 소통은 사람과 사람 사이에서도 이루어지고 나와 세상 사이에서도 이루어집니다. 전 생애에 걸쳐 요구되는 중요한 능력이지요. 말귀를 잘못 알아듣는 사람과는 대화하기가 불편합니다. 같이 일을 해야 한다면 더욱 꺼려지겠죠. 혼자서도 마찬가지입니다. 드라마나 영화를 보다가 결정적인 대사에 모르는 단어가 자꾸 나오면 스스로 답답함을 느낍니다. 온전히 느껴야 할 감동마저 줄어듭니다.

얼마 전, 한 드라마에 나온 '추앙(推仰)하다'라는 단어가 매우 화제가 되었습니다. 이 단어의 뜻은 '받들어 우러러보다'입니다. 그 단어에는 주인공의 심리와 상황이 내포되어 있었습니다. 작가가 일부러 의도를 가지고 쓴 단어입니다. 사람들은 처음에는 그 단어에 생경함을 느꼈습니다. 하지만 그 단어의 뜻을 찾아보고 곱씹어보며 드라마의 감동을 다시 느낍니다. 모르는 어휘를 알아가면서 소통해 가는 것이죠.

한자어를 잘 몰라 실수하는 사례들

한자어를 잘 몰라 상대방에게 큰 실례를 하는 경우도 있습니다.

"교수님, 새해에 명복을 빕니다."

"그 사람은 향년 19세입니다."

명복도 복이니 좋은 것인 줄 알고 새해 인사를 합니다. 어디서 들어봤는데 하면서 방년과 향년을 헷갈려합니다. 명복(冥福)의 명은 어두울 명(冥)입니다. '죽은 뒤에 저승에서 받는 복'이라는 뜻입니다.

향년의 향은 누릴 향(享)입니다. 향년은 '한평생 살면서 누린 나이'입니다. 모두 죽은 사람에게 쓰는 말이죠. 큰 실수를 한 것입니다.

이력서나 자기소개서 같은 중요한 문서에서 맞춤법을 틀리면 그 문서는 신뢰성을 잃고 맙니다. "못생긴 남자와는 사귀어도 맞춤법 틀리는 남자와는 연애할 수 없다"는 말이 있을 정도죠. 맞춤법은 그 사람의 상식 수준을 나타내는 하나의 척도입니다. 한자는 맞춤법에도 도움이 됩니다. 사람들은 주로 들리는 대로 쓰는 경향이 있습니다.

> 잃어버리기 **쉽상**이다.
> 교통사고 **휴유증**으로 허리가 아팠다.
> 나는 클래식에 **무뇌한**이다.

파란색 단어를 십상, 후유증, 문외한으로 고쳐야 올바른 표현이 되겠죠. 이것을 무작정 외우기보다 한 번이라도 한자를 들여다보고 뜻을 음미한다면 맞춤법을 기억하기도 쉽습니다.

- **십상(十常)**: 열 십(十), 항상 상(常)
  → 열 가운데 여덟이나 아홉 정도는 늘 그러하다.

- **후유증(後遺症)**: 뒤 후(後), 남길 유(遺), 증세 증(症)
  → 병을 앓고 난 뒤에 남아 있는 증상.

• **문외한(門外漢)**: 문 문(門), 바깥 외(外), 사람 한(漢)

→ 그 분야에 대해 지식이 없거나 관련이 없는 사람.

우리나라 국어의 음운 현상 중 음운 동화 현상이 있습니다. 소리와 소리가 이어서 날 때 한 소리가 다른 소리의 영향을 받아서 같거나 비슷하게 나는 것인데요. 이 때문에 들리는 대로 쓰면 틀리기 쉽습니다. 한자어는 한자로 익혀야 맞춤법 실수를 하지 않습니다. 언뜻 한자와 맞춤법은 관련이 없어 보이지만 이처럼 한자를 알면 맞춤법에도 도움이 됩니다.

실생활에서 흔히 만나는 한자성어

우리는 실생활에서 한자성어를 자주 접합니다. 특히 뉴스나 신문 기사에서 많이 쓰입니다. 어떤 상황이나 현상을 짧고 간결하게 나타내는 데 한자성어만 한 것이 없기 때문입니다. 저도 한자성어를 가르칠 때는 참 신납니다. 한문 수업 시간의 꽃이라고 할 수 있을 정도로 아이들이 매우 좋아하는 영역입니다. 고사성어에는 즐거운 옛이야기가 담겨 있고 또 실생활에서도 자주 활용됩니다.

한자성어(漢字成語)는 말 그대로 한자로 이루어진 말입니다. 대부분 네 글자로 이루어져 있기 때문에 사자성어(四字成語)라고 합니다. 하지만 두 글자, 세 글자로 이루어진 성어도 있기 때문에 모두 사자성어라고는 할 수 없습니다. 또한 일정한 유래가 있는 성어도 있지만 그렇지 않은 성어도 있기 때문에 모두 고사성어(故事成語)라고 할 수 없지요. 한자성어가 가장 포괄적인 용어입니다.

'백미(白眉)'라는 성어를 배울 때였습니다.

"옛날에 마씨 다섯 형제가 있었어. 그중 흰 눈썹이 있던 마량이 가장 뛰어났대. 그래서 흰 눈썹을 뜻하는 백미가 가장 뛰어난 것을 가리키게 되었어"라고 유래를 들려준 뒤 아이들과 다음과 같은 신문 기사의 제목을 읽었습니다.

"걷다 보면 만나는 가을 풍경의 백미, ○○성"

"○○한옥, 아름다움과 편리함을 보여준 한옥의 백미"

"한국문학의 백미, ○○소설"

백미가 흰 쌀인 줄로만 알았던 아이들이 신문 기사 제목의 뜻을 제대로 파악할 수 있게 되었습니다.

'비슷하지만 아닌 것'을 뜻하는 사이비(似而非)도 매우 흥미로운 성어입니다.

"《맹자》에 나오는 말이야. '공자는 겉으로는 비슷하나 실제로는 그렇지 않은 것을 미워한다'라는 문장에서 유래했어."

"이게 한자성어였어요? 영어인 줄 알았어요. 그렇다면 요즘 유행하는 가짜뉴스도 일종의 사이비겠네요."

"맞아. 겉으로는 비슷한 듯하지만 실제로는 가짜이니 사람들을 더욱 혼란스럽게 만드는 것이지."

한자성어의 묘미는 바로 이렇게 뜻을 이해하고 직접 활용해보는 데 있습니다. 아는 만큼 보인다고 하죠? 한자성어는 아는 만큼 들립니다. 한자성어를 배우기 전에는 아이들이 "생전 처음 들어봤다" "그런 말 요즘 누가 쓰냐"라고 합니다. 하지만 배우고 나면 생각보다 많은 곳에서 한자성어가 쓰이고 있다는 것을 몸소 알게 됩니다.

교과서 속 한자도 많지만, 교과서 밖 실생활에도 한자가 많습니다. 어릴 때부터 단어를 한자로 알려주면 아이들은 한자어에 익숙해지고 모르는 단어를 만나도 유추하고자 하는 습관이 생깁니다. 한자어를 잘 알면 경우에 맞지 않는 단어를 써서 생기는 난감한 상황이나 맞춤법을 실수하는 부끄러운 상황이 줄어듭니다. 다양한 한자성어의 유래와 뜻을 알면 글 속의 내용을 좀 더 정확히 파악할 수 있습니다. 좋아하는 드라마나 영화의 감동을 더 깊이 느낄 수도 있지요.

한자 공부는 아이들의 어휘력을 상승시켜주고 세상에 대한 관심을 불러일으킵니다. 잘 알지 못했을 때는 흘려듣던 단어들이 들리고 의식되기 시작합니다. 이해가 안 되는 글을 읽을 때도 '왜 이렇게 어려워?' 하고 푸념하기보다 모르는 어휘에 대해 '무슨 뜻일까?'라는 호기심을 갖게 됩니다.

내가 지금 알고 있는 어휘는 지금까지 내가 경험한 세상의 총합일 뿐입니다. 어휘는 세상에 대한 관심입니다. 특히 아이들에게 한자는 미지의 세계이지요. 한자는 어렵고 시대착오적이라는 편견보다 적극적으로 배워야 할 것이라는 좋은 이미지를 심어줘야 합니다. 실생활 속 한자는 사람과 세상과 소통할 수 있는 길을 열어줍니다. 그 자체가 상식이자 교양입니다.

3장

초등 한자 읽기 5단계

똑똑하게 필요한 것만, 똑필! 한자 공부법

중간고사를 앞둔 아이들이 이렇게 물었습니다.

"선생님, 한문 시험 어떻게 나와요? 한자 쓰는 것도 나와요? 한자 획수랑 필순이랑 다 외워야 해요?"

이런 질문을 종종 받습니다. '분명 수업 시간에 획수나 필순을 가르친 적이 없는데 아이들은 왜 이런 질문을 할까?' 곰곰이 생각해보았습니다. 아이들이 지금까지 한자 공부나 한자 시험 하면 떠오르는 고정관념이 바로 그런 것이었습니다. 주로 한자를 외우고, 필순에 맞게 쓰고, 총 몇 획인지 공부하고 확인받아 왔던 거지요. 이제 한자 공부에 대한 인식과 방법이 달라져야 합니다.

'한자를 공부한다'고 했을 때의 의미를 한자를 단순히 암기하는 것으로만 바라보지 않았으면 합니다. 한자 공부의 목적은 단지 '한자 낱글자를 몇백 자 외우고 쓸 수 있다'가 아닙니다. '내 공부에, 내 삶에 한자를 활용한다'라는 넓은 안목으로 접근해야 합니다. 그래서 아이들을 위한 한자 공부법도 좀 달라져야 합니다. 똑똑하게, 필요한 것만, 효율적으로, 체계적으로 해야 해요.

한자 공부는 한자 낱글자 → 어휘 → 고전으로 확장해가야 합니다. 이렇게 공부하면 자연스럽게 어휘력 → 독해력 → 사고력으로 이어집니다. 그렇다고 이 순서대로 한 단계씩 마스터해야만 한다는 말은 아닙니다. 앞 단계를 반드시 다 끝내고 다음 단계로 나아가는 것이 아니라 동시에 상호 영향을 주며 이루어질 수 있습니다. 한자 낱글자를 어느 정도 익혀야 한자 어휘로 확장해갈 수 있지만, 오히려 한자 어휘를 통해서 낱글자를 알게 될 수도 있습니다. 성어도 마찬가지입니다. 실생활에서 사용하는 한자 어휘나 성어는 한자의 활용 측면에서 아이들에게 실질적으로 도움이 되는 중요한 부분입니다. 여기서 나아가 아이의 수준에 맞게 동양 고전 읽기를 곁들인다면 한자 공부의 진수를 경험할 수 있습니다.

1장에서도 언급했듯이 초등에서 알아야 할 한자는 300자 정도입니다. 중학교에 진학하기 전에 초등에서 이 정도만 익혀도 아이의 공부 효율은 눈에 띄게 달라집니다.

초등 필수 한자 300자란

설문조사에 따르면 학회나 연구자가 제시한 초등에서 알아야 할 적정 한자 수는 500자에서 600자였습니다. 하지만 학부모는 450자 이하, 교사는 300자 이하를 가르쳐야 한다는 응답이 가장 많았습니다. 연구자들에 비해 학부모와 교사가 생각한 적정 글자 수는 훨씬 적었습니다. 학부모와 교사는 바로 곁에서 아이들을 바라보는 교육의 주체입니다. 너무 많은 한자 수는 아이들에게 학습 부담을 준다는 우려 때문이겠죠.

따라서 초등학교 때 꼭 필요하면서도 부담을 느끼지 않는 적정 한자 수는 300자라고 할 수 있습니다. 2019년 교육부에서 제시한 초등 교과서 한자 표기의 한자 수가 바로 300자였습니다. 한자 급수 시험에서도 8급에서 6급까지의 배정 한자가 300자 내외입니다.

그렇다면 어떤 한자들을 배워야 할까요? 한자 공부에서 낱글자를 공부하는 것은 일종의 출발점입니다. 이런 낱글자 공부가 어휘력 향상, 교과서 읽기, 고전 읽기로 연결되어야 해요. 확장해가야 합니다. 그래서 이런 확장성을 가진 한자, 활용도가 높은 한자로 300자를 선정했습니다. 교육부에서 제시한 중학교용 한자 900자 내, 서울시 선정 초등 한자 600자 내에서 300자를 뽑았습니다. (※269쪽 참고)

필수 한자를 효과적으로 익히는 법

한자를 공부할 때 한자의 음이 ㄱ, ㄴ, ㄷ 순으로 되어 있는 한자 리스트를 무작정 순서대로 외우는 경우가 있습니다. 가르치는 사람의 입장에서 봤을 때 이런 리스트들은 그저 어떤 한자가 있는지 보기 쉽게 정리한 것일 뿐이지 배우는 입장에서는 전혀 도움이 안 됩니다. 맥락이 없는 공부는 지루해서 금방 지치기 쉬워요. 매번 기역으로 시작하는 한자만 실컷 공부하다가 끝나는 경우가 많죠. 그래서 쉬운 글자부터 점차 확장해나가면서 필수 한자를 효율적으로 익히는 방법을 알려드리겠습니다. 이 방법으로 하게 되면 적은 노력으로도 쉽게 한자를 배울 수 있습니다.

먼저 다른 한자들을 이루는 기본 요소가 되는 우선 학습 한자 50자(※269쪽 참고)를 익힙니다. 그다음 난이도가 쉬우면서도 생활 속에서 자주 보고 듣는 생활 기초 한자 100자(※271쪽 참고)를 익힙니다. 마지막으로 초등 교과서에 자주 등장하는 교과 기초 한자 150자(※274쪽 참고)를 익힙니다. 한자에 대한 기초 지식 없이 교과서 속 한자어를 배우면 매우 어렵게 느껴지지만, 이 순서에 따라 학습하면 교과서 개념어 속 한자들을 배울 때 훨씬 수월합니다.

① 우선 학습 한자 50자

다른 한자와 결합하여 쓰이는 가장 활용도가 높은 한자. 다른 한자를 공부할 때 가장 기초가 되는 한자로 활용 빈도순으로 제시했습니다.

② 생활 기초 한자 100자

생활 속 어휘에 자주 사용되는 한자. 직관적으로 이미지를 떠올릴 수 있는 뜻의 한자 위주로 숫자, 신체, 동물, 색깔 등 아이들과 밀접한 14개의 주제로 제시했습니다.

③ 교과 기초 한자 150자

교과서 어휘를 이해하는 데 도움이 되는 한자. 초등학교 5, 6학년 교과서 개념어 속 한자를 중심으로 국어, 수학, 사회, 과학과 같이 과목별로 한자를 익히도록 분류했습니다.

교과서 속 빈도수와 분포도가 가장 높은 20자

人	自	地	日	國
사람 인	스스로 자	땅 지	해 일	나라 국
事	年	體	發	色
일 사	해 년	몸 체	필 발	빛 색
場	行	文	道	實
마당 장	다닐 행	글 문	길 도	열매 실
民	會	圖	心	主
백성 민	모일 회	그림 도	마음 심	주인 주

출처: 〈초등학교 교과서 한자 표기 방안 연구〉 김동일, 서울대, 2016

유아부터 시작하는 5단계 한자 공부법

그렇다면 한자 공부는 어떻게 시작해볼 수 있을까요? 저는 다음의 5단계로 진행해보시길 권합니다.

- **1단계:** 한자에 재미 붙이기
- **2단계:** 실생활과 연계하기
- **3단계:** 우선 학습 한자 50자 익히기
- **4단계:** 생활·교과 기초 한자 250자 익히기
- **5단계:** 어휘로 확장하기

1단계는 한자에 재미를 붙이는 단계입니다. 아이들에게 한자는 그림이라는 것을 알려줍니다. 한자 카드 등으로 자연스럽게 한자를 노출하고 즐겁게 놀이로 접근합니다.

2단계는 실생활과 연계하며 조금씩 한자를 익히는 단계입니다. 실생활에서 자주 쓰는 말 중에 어떤 한자가 어떤 뜻으로 쓰였는지 유추하며 대화를 나눕니다. 생활 맥락과 연계하면 아이들은 한자를 더욱 친근하게 느낍니다.

3단계는 쉬운 글자부터 시작하는 단계입니다. 획수가 적고 간단하지만, 활용도가 높은 한자부터 공부합니다. 다른 한자와 결합하여 자주 쓰이는 '우선 학습 한자 50자'부터 학습합니다. 이 50자는

획수가 적고 간단하지만, 활용도가 높은 한자들입니다. 이렇게 체계적으로 접근하면 아이들의 한자 공부가 쉬워집니다.

4단계는 본격적인 한자 학습이 이루어지는 단계입니다. 초등 때 필요한 한자는 300자입니다. 우선 학습 한자 50자에 이어서 '생활 기초 한자 100자'와 '교과 기초 한자 150자'를 익힙니다.

5단계는 배운 한자를 기반으로 어휘로 확장해가는 시기입니다. 국어사전을 활용하여 한자어를 한자로 풀이합니다. 저학년은 일기, 고학년은 교과서 지문을 활용하여 한자어를 공부합니다. 더불어 재미있는 이야기와 함께라면 성어까지 어렵지 않게 배울 수 있습니다.

5단계를 거치는 동안 고전에도 도전해볼 수 있습니다. 아이가 어느 정도 한자에 재미를 붙이고 관심을 보인다면 《사자소학》《명심보감》《논어》 읽기에 도전해보세요. 이러한 고전을 읽어가면서 한자가 문장에서 어떻게 활용되는지 알게 됩니다. 또한 지금까지 공부한 한자를 통해 고전의 내용을 더욱 깊이 이해할 수 있습니다. 초등에서 고전을 읽어야 하는 이유와 구체적인 방법에 대해서는 이어지는 4장과 5장에서 각각 다루어보겠습니다.

초등 부모님들은 아이에게 해주고 싶은 것이 많습니다. 국어, 영어, 수학 같은 주요 교과 학습뿐 아니라 독서도 중요하고 악기, 운동도 하나쯤 해야 하죠. 최근 문해력이 중요한 학습 능력으로 주목받게 되면서 학습 차원에서 한자 공부도 빼놓을 수 없습니다. 하지만 해야 할 것이 많아지니 아이도 부모도 부담을 느낍니다. 그럴 때일수록 한자 공부에 대한 제대로 된 동기, 목표, 범위, 방향을 설정하고 똑똑하게 필요한 것만 하시기 바랍니다. 남들이 하니까 막연히 따라가기보다 다음에서 소개하는 똑필 초등 한자 공부 5단계를 참고하여 나와 아이에게 맞는 한자 공부 로드맵을 그리시기를 바랍니다. 똑필 한자 공부법과 함께라면 올바른 방향과 적절한 방법으로 효율적인 한자 공부를 할 수 있습니다.

1단계: 한자에 재미 붙이기

아이가 처음 말문이 트여 귀여운 입으로 종알종알 말할 때의 기쁨을 기억하시나요? '저런 단어들은 어디서 배웠지?'라고 할 정도로 매일 새로운 말들을 쏟아낼 때, 아이들은 놀라움 그 자체입니다. 아마도 지금까지 듣고 보았던 말들이 어딘가에 깊이 잠재되어 있다가 터져 나오는 것이겠지요.

이처럼 아이들은 그저 생활 속에서 흘려듣고 흘려 보기만 해도 배웁니다. 이것을 '암묵적 학습'이라고 합니다. 경험과 놀이를 통해 무의식적으로 배우는 방식을 의미합니다. 한자를 처음 접하는 아이들은 자신이 뭔가 배우고 있다는 것을 눈치채지 못하도록 노출과 놀이부터 시작해야 합니다. 그러다가 점점 한자에 재미를 붙이고 학습 동기를 가지는 단계로 넘어가면 됩니다.

한자 공부, 언제 시작해야 할까?

한자는 한글을 모두 떼고 읽고 쓰기가 자유로워졌을 때 시작해야만 할까요? 아닙니다. 첫째, 학습이 아닌 노출과 놀이다. 둘째 한자는 그림이다. 셋째 문자가 아닌 입말로 익힌다. 이 3가지 접근 방식이라면 아주 어릴 때부터 언제 시작해도 좋습니다.

이때는 문자가 아닌 소리로 인식하는 시기입니다. 한자의 모양을 외우고 쓰기를 강조하는 것이 아니라 그저 그림과 함께 한자를 노출합니다. 그리고 입말로 '문 문' '하늘 천'이라고 알려주는 것이죠. 그러면 아이들은 어려워하기보다 그림 같은데, 뜻도 가지고 있는 한자에 흥미를 보이고 금방 기억합니다. 그래서 종종 한글보다 한자를 재밌어하는 아이들이 있습니다. 이렇게 먼저 접한 아이들은 커서도 한자에 대한 거부감이 훨씬 없습니다. 앞서 언급했듯이 이시이 이사오 박사도 한자는 그림문자이기 때문에 일찍 시작할수록 좋으며 우뇌와 좌뇌를 동시에 발달시킬 수 있다고 강조했지요.

한자 카드로 한자를 노출하라

한자를 노출하기 시작할 때 엄마들이 가장 먼저 찾아보는 것이 바로 '한자 카드'입니다. 하나씩 보여주기도 좋고 차트에 넣어 벽에 붙여두어 지속적으로 노출하기에 좋습니다.

〈한자 카드 고르는 팁과 활용법〉

① 한 면에 한두 가지 정보만 있는 단순한 것을 고른다.

한자 카드는 보통 앞면에 그림과 한자, 뜻, 음이 있고 뒷면에는 한자만 있는 형태입니다. 부수, 획수, 어휘 등 한 면에 너무 많은 정보를 담고 있는 카드는 오히려 아이의 시각적 집중력을 흐트러뜨릴 수 있습니다.

② 그림과 한자가 겹쳐 있는 형태일수록 효과적이다.

그림과 한자가 따로 있는 경우, 아이가 한자보다는 그림에만 시선을 뺏길 수 있습니다. 그림과 한자가 겹쳐 있으면 그림을 보면서 한자의 모양까지 함께 익힐 수 있어 효과적입니다.

③ 한자 카드를 노출할 때 구체적인 사물에서 추상적인 개념 순으로 제시한다.

아이들은 길 장(長)보다 손 수(手)를 더 잘 기억합니다. 추상적 개념보다는 눈에 보이는 구체적 사물을 나타내는 한자가 더 쉽게 이해되기 때문입니다.

④ 한자 카드를 제시하면서 입말로서 뜻, 음을 한 번씩 따라 읽게 한다.

평소에는 한자 챈트나 한자 노래를 활용하여 흘려듣기를 하면 좋습니다.

추천 한자 동요

	주니토니 한자급수 8급에 해당하는 한자들을 재미있는 리듬과 함께 배울 수 있어요. 한자뿐 아니라 한자에 해당하는 어휘들도 함께 알려줍니다.
	톰토미 요일, 방향, 숫자, 인체 등 주제별로 나누어진 한자 송 6곡을 연속해서 들을 수 있어요.
	신비한자 한자급수 8급에 해당하는 한자들을 노래하면서 익힐 수 있어요. '입을 크게 벌려 입 구'처럼 가사에 글자에 대한 설명이 들어가 있어 효과적으로 기억돼요.

⑤ 카드의 그림을 함께 그리면서 그림문자로서 흥미를 갖게 한다.

한자 놀이로 흥미를 유발하라

한자 카드로 어느 정도 한자에 노출이 되었다면 이제 다양한 놀이를 통해 더욱 재미있게 한자를 배울 수 있습니다. 비싼 교구를 사지 않더라도 주변에서 흔히 구할 수 있는 것들을 활용해서 얼마든지 아이와 즐겁게 한자 놀이를 할 수 있습니다. 한자 놀이는 크게 신체를 움직이는 신체 활동, 만들기를 통한 조작 활동, 책이나 그림을 통한 예술 활동으로 나눌 수 있습니다.

〈한자 놀이1. 신체 활동〉

한자 풍선을 골인시켜라

- **준비물:** 풍선, 파리채(또는 부채처럼 넓적한 면이 달린 막대기라면 모두 가능)
- **기대 효과:** 풍선에 적힌 한자의 모양과 뜻, 음을 인식해요. 대근육 운동 능력과 손과 눈의 협응력이 길러져요.
- **활동 방법**

① 한자 카드에서 아이가 충분히 알 수 있을 만한 한자를 고른다.

② 아이와 함께 풍선의 4면에 한자를 모두 적는다.

③ 아이와 함께 골인 지점을 정하고 바구니를 둔다.

④ 골인 지점과 2미터가량 떨어진 곳을 시작 지점으로 정한다.

⑤ 엄마가 아이에게 한자 풍선을 준다. 아이는 큰 소리로 뜻, 음을 말한다.

⑥ 파리채로 풍선을 치면서 바닥에 떨어뜨리지 않고 바구니에 골인시킨다.

⑦ 성공하면 거리를 조금씩 늘린다. 한자 풍선 5개를 모두 성공하면 보상을 한다.

〈한자 놀이2. 조작 활동〉

플레이콘으로 한자 그리기

- **준비물:** 플레이콘, 색종이, 물티슈
- **기대 효과:** 작품을 완성하며 재미있게 한자를 익힐 수 있어요. 다양한 쓰기 방식이 있다는 것을 알고 소근육 운동 능력이 향상돼요.
- **활동 방법**

① 색종이에 아이와 함께 한자를 적는다.

② 플레이콘을 납작하게 자른다.

③ 플레이콘을 물티슈에 톡톡 문지른 뒤 색종이에 올린다.

④ 한자 모양을 따라 플레이콘으로 꾸민다.

⑤ 물을 살짝 묻히면 플레이콘끼리도 붙기 때문에 한자를 입체로 만들 수도 있다.

플레이콘으로 한자 그리기

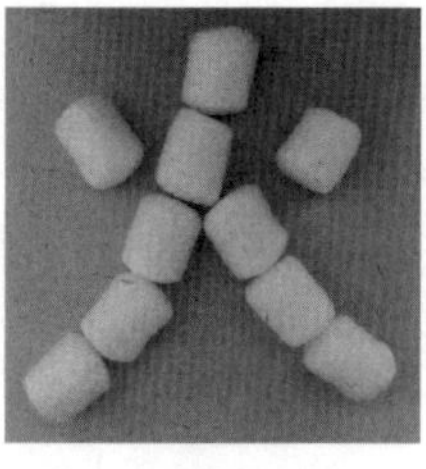

불 화

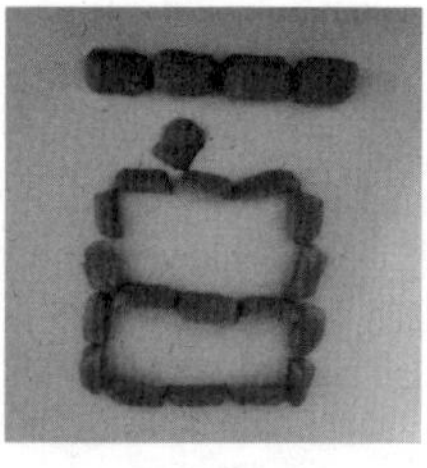

일백 백

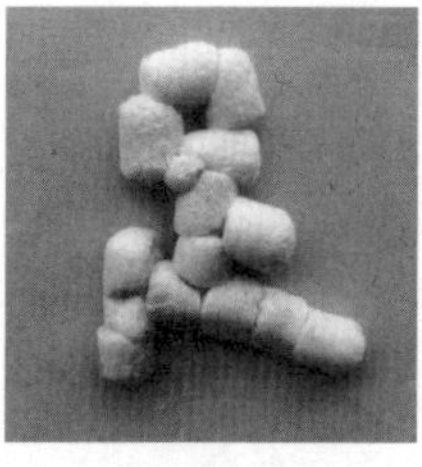

발 족
(입체 한자 만들기)

〈한자 놀이3. 예술 활동〉

나만의 한자 동화 만들기

- **준비물:** 아이가 좋아하는 그림책 5권, 포스트잇
- **기대 효과:** 한자를 종이에 적는 과정을 통해 한자를 배울 수 있어요. 그림책의 그림 또는 내용과 한자가 연결된다는 것을 인지하게 돼요. 자신만의 그림책이 생겼다는 성취감이 생겨요.
- **활동 방법**

① 아이가 여러 번 읽고 유독 좋아해 내용을 줄줄 꿰고 읽는 그림책 중에서 5권을 선정한다.

② 그림책을 보며 어떤 그림과 한자가 어울릴지 이야기를 나눈다.

③ 떠오르는 한자를 포스트잇에 써서 그림 옆에 붙인다.

④ 그림책 1권당 2~3글자가 가장 적당하다.

⑤ 이런 연결 활동이 익숙해지면 다른 그림책으로 확장할 수 있다.

- **도움말:** 예를 들면 백희나 작가의 《이상한 손님》이라는 책에는 '형 알록이'와 '동생 달록이'가 나옵니다. 형이 나오는 페이지에는 형 형(兄) 한자를, 동생이 나오는 페이지에는 아우 제(弟) 한자를 적은 포스트잇을 붙여두는 겁니다. 《달샤베트》라는 책에서는 달 월(月) 자와, 옥토끼가 문을 두드리는 장면에 문 문(門) 자를 붙여둘 수 있습니다. 좋아하는 그림책을 통해 한자를 한 번 더 보고 친숙하게 익히게 됩니다.

어느 날, 제가 아침에 《논어》 필사를 하고 있는데 딸이 일어나 제게 다가와서 이렇게 물었습니다.

"엄마 뭐해? 한자 쓰고 있어?"

이 시기의 한자 공부의 목표는 이렇듯 아이가 한글, 영어 말고도 한자라는 문자가 있다는 것을 인식하는 데 있습니다. 아이와 상호작용하면서 즐겁게 공부하는 것이 가장 중요합니다. 아이들은 그저 듣고 보고 경험하면서도 배웁니다. 한자 공부는 언제 시작해도 상관없습니다. 한자를 그림으로 접근하며 입말로 익히게 한다면 아주 어린 유아들도 충분히 배울 수 있습니다. 유아기에 시작한다면 커서도 한자에 대한 거부감이 없으며 좌뇌와 우뇌를 동시에 발달시킬 수 있습니다. 한자 카드로 한자를 노출하고 놀이로서 흥미를 유발합니다. 그림과 한자가 함께 있는 한자 카드를 활용하여 구체적 사물이 있는 한자부터 시작하면 됩니다. 신체 활동, 조작 활동, 예술 활동 등 다양한 영역과 접목된 놀이 방법을 사용한다면 아이들은 한자에 재미를 붙이게 됩니다.

2단계: 실생활과 연계하기

아이가 아침에 차를 타고 주차장을 나설 때면 "나갈 출! 출구!"라고 외쳐요. 들어올 때는 "들어갈 입! 입구!"라고 하고요. 어느 날은 또 아이가 집에 오자마자 이렇게 말했습니다.

"오늘 꽃바구니 만들기 체험을 했어요. 선생님이 '이 꽃은 여기 가운데 꽂으세요' 하시길래 내가 손들고 '가운데 중!' 하고 외쳤어요."

한자 카드를 보여주고 한자 동요를 조금씩 들려줬을 뿐인데 아이는 어느새 한자를 익히고 또 생활 속에서 활용하고 있었습니다.

친한 친구의 아들은 올해 초등학교에 입학했는데 한자를 공부하더니 한자를 랩처럼 줄줄 외운다고 하더군요. 밥을 먹을 때는 "먹을 식(食), 먹을 식(食)", 엄마를 부를 때는 "어미 모(母), 어미 모(母)". 세수할 때는 "얼굴 면(面), 얼굴 면(面)".

한자를 배우기 시작한 아이들은 이렇게 아는 글자가 나오면 말하고 싶어 합니다. 2단계는 생활 속 맥락과 연계해 한자에 대한 흥미를 유지하고 쉬운 글자부터 시작해 본격적인 한자 학습으로 넘어가는 단계입니다.

내 이름에 담긴 한자의 뜻을 알아본다

딸아이가 처음 한글을 배울 때, 자신의 이름, 친구들의 이름에 가장 먼저 관심을 가졌습니다. 이름을 통해 자음, 모음을 배우고 가장 먼저 쓴 글자도 바로 자신의 이름이었지요. 한자도 마찬가지입니다. 자신의 이름에 들어간 한자를 알려주는 것은 아이의 한자에 대한 흥미를 더욱 높여줄 수 있습니다. 무엇보다 자신의 이름에 담긴 뜻과 부모님의 바람을 알게 되면서 아이의 자존감이 올라갑니다.

엄마: 다윤아, 다윤이 이름에도 한자가 있어.
아이: 내 이름은 어떤 한자예요?
엄마: 다윤의 다는 많을 다(多), 윤은 구슬 윤(玧)이야. '구슬처럼 많이 빛난다'라는 뜻을 담고 있지.
아이: 내 이름에 그런 뜻이 있다니, 내가 구슬처럼 반짝반짝 빛나는 거 같아요.

만약 아이의 이름이 한자가 없는 순우리말 이름이라도 자신의 이름을 한자로 바꾼다면 어떤 한자가 좋을지 생각해볼 수 있습니다. 이름의 발음과 비슷한 한자를 찾거나 뜻이 비슷한 한자를 찾아 한자 이름을 만들어봅니다. 이처럼 자신의 이름을 한자로 알아보는 활동은 한자에 대한 흥미를 느끼게 하는 동시에 자신의 이름에 담긴 의미를 한 번 더 되새길 수 있는 계기가 됩니다.

단어 속 한자 뜻을 유추하며 대화한다

주말에 아이와 외식을 하러 갔습니다.

엄마: 엄마는 온모밀, 아빠는 냉모밀을 먹을 거야. 너는 어떤 거 먹고 싶어?

아이: 온모밀은 뭐고 냉모밀은 뭐예요?

엄마: 온모밀의 '온'은 따뜻할 온(溫)이고, 냉모밀의 '냉'은 찰 냉(冷)이야.

아이: 아, 온모밀은 따뜻한 거, 냉모밀은 차가운 거구나.

엄마: 맞아, '온'이나 '냉'이 들어간 다른 단어는 뭐가 있을까?

아이: 음… 온은 온탕! 냉은 냉장고?

엄마: 맞았어. 온탕은 따뜻한 물이 있는 탕이고, 냉장고는 음식을 차갑게 저장해주는 곳이지.

이처럼 평소에 단어를 설명해줄 때 한자를 활용해 뜻을 쉽게 풀어줍니다. 부모님도 잘 모를 때는 아이와 함께 사전을 찾아보면 됩니다. 한 달 동안만 의도적으로 매일 세 단어를 이렇게 연습해보는 겁니다. 이른바 매3한! 매일 3개 한자어 뜻 유추하기! 오늘 하루 동안 쓴 어휘 중에 3개를 골라 아이와 함께 단어 속 한자 뜻을 유추하며 대화합니다. 아이들은 이런 대화를 통해 우리가 자주 사용하는 어휘 속에 한자가 숨어 있다는 것을 느끼게 됩니다. 한 달만 이렇게 연습해도 아이들은 잘 모르는 어휘를 만났을 때 '이건 한자로 뭘까?' 하고 습관적으로 한자를 떠올리게 됩니다. 더 많은 한자를 알고 싶다는 의욕도 생깁니다. 아이에게 한자를 공부시켜야겠다는 의무감보다는 가벼운 마음으로 흔히 쓰는 말 중에서 고르면 됩니다. 마트에 가서는 지상 주차장, 지하 주차장의 위 상(上), 아래 하(下)를 알려주는 것처럼 말입니다.

생활 속에서 한자를 발견하는 기쁨을 느끼게 한다

"엄마, 여기 과자에 한자가 있어요!"

아이의 들뜬 목소리에 얼른 가서 보니 바로 수미(秀美)칩 과자였습니다. 과자 봉지에 한자가 적혀 있으니 반가운 마음에 엄마를 불렀던 겁니다.

"어? 엄마, 여기도, 여기도 한자가 있어요!"

그날 마트에서 아이와 저는 갑자기 '한자 찾기 대작전'을 했습니다. 그동안 저도 몰랐는데 생각보다 한자로 적혀 있는 상품들이 많았습니다.

고소미(高笑美), 생생(生生)우동, 신(辛)라면, 초코파이 정(情), 삼양(三養)라면.

한자에 흥미를 느끼기 시작한 아이는 실생활 속에서 한자를 발견하면 더욱 반가워합니다. 한자가 책에만 있는 글자가 아니라 실제 생활 속에도 쓰이는 글자라는 것을 알게 됩니다. 저는 아이가 한자를 발견하면 사진을 찍게 합니다. 아파트 이름, 상품 이름, 광고 문구, 신문 기사 등 관심을 가지고 살펴보면 의외로 많은 곳에서 한자를 만나게 됩니다.

특히 아이와 함께 박물관이나 문화유적지를 가면 더욱 많은 한자들이 있습니다. 현판, 비석, 안내문 등이 한자로 되어 있지요. 이런 한자들을 그냥 지나치지 말고 아이가 한자 공부에 활용할 수 있도록 도와주세요. 이런 곳에 갔을 때 한자 사진을 찍는 미션을 주면 자칫 지루할 수 있는 관람 시간이 보물찾기하듯 즐거운 시간이 됩니다.

3단계:
우선 학습 한자 50자 익히기

아이와 한자 공부를 하다가 나라 한(漢)이라는 글자가 나왔습니다. 특별한 설명 없이 뜻과 음만 알려주었더니 아이가 단번에 "이 한자는 너무 어려워요"라고 하더라고요.

이렇게 한자 공부를 시작한 아이들이 한자가 어렵다고 느끼는 순간이 있습니다. 바로 획수가 많고 복잡해 보이는 한자들이 '갑자기' 나왔을 때입니다. 한자의 뜻도 추상적이면서 획수가 많으면 아이들은 한자의 모양과 뜻을 연결하기 어려워합니다. 이런 복잡한 한자들을 무조건 외워야 할 대상이라고 느끼면 그때부터 아이들은 한자를 멀리하게 되지요. 그래서 획수가 적고 간단한 쉬운 한자부터 체계적으로 접근해야 합니다. 더불어 복잡해 보이는 한자들이 어떻게 결합되어 있는지 하나씩 풀어보는 법도 알려주어야 해요. 그러면 아이들은 복잡한 한자가 어려운 것이 아니라 '쉬운 한자들의 합일 뿐이구나' 하고 자신감을 갖게 됩니다.

우선 학습 한자 50자를 먼저 학습한다

한자를 공부할 때 보통 급수 배정 한자에 따라 학습하게 됩니다. 그런데 8급 한자에도 가르칠 교(教), 나라 한(韓) 등 다소 어려운 한자들이 포함되어 있어요. 그래서 본격적으로 한자를 공부하기 전에 우선하여 학습하면 도움이 되는 한자 50자를 선정했습니다. (※ 269쪽 참고) 우선 학습 한자 50자는 교육부에서 선정한 중·고등학교 교육용 한자 1800자를 기준으로, 총 214자의 부수 중에서 다른 한자와 결합하여 자주 쓰이는 활용 빈도가 높은 한자들입니다.

보통 한자를 처음 시작할 때 부수부터 공부하라는 말을 많이 듣죠. 부수(部首)는 한자의 뜻을 나타내는 공통되는 부분이기 때문에 부수를 알면 한자의 뜻을 유추하기 쉽습니다. 하지만 부수는 처음에 한자를 배열하고 정리하기 위한 하나의 방법으로 고안되었고, 214자 중에는 잘 쓰이지 않는 한자들이 다수 포함되어 있습니다. 따라서 214자를 모두 무작정 공부하기보다 그중에서도 다른 한자와 결합하여 자주 쓰이는 한자들을 먼저 공부하는 것이 효율적입니다.

50자 중 가장 활용 빈도가 높은 한자는 물 수(水)입니다. 교육부에서는 중학교 900자, 고등학교 900자를 교육용 한자로 정했는데요. 그중 물 수(水)가 들어간 한자가 91자나 됩니다. 즉, '水'를 알고 있다면 교육용 한자 중 5퍼센트를 익숙하게 배울 수 있다는 것이죠.

활용 빈도가 높은 핵심 한자 10자

水	人	心	手	木
물 수	사람 인	마음 심	손 수	나무 목
91자	88자	76자	65자	64자
言	口	日	土	貝
말씀 언	입 구	해 일	흙 토	조개 패
60자	52자	35자	33자	32자

출처: 이야기 한자여행(www.hanja.pe.kr)

활용 빈도가 높은 변신 한자를 알려준다

우선 학습 한자 50자 중에는 모양이 변형되어 쓰이는 한자들이 있습니다. 보통 변형 부수라는 용어를 사용하는데요. 저는 이것을 아이들에게 '변신 한자'라고 알려줍니다. 예를 들어 물 수(水)는 다른 한자와 만날 때 '氵' 이렇게 모양이 달라집니다. 바다 해(海)나 강 강(江)를 배울 때 아이에게 이렇게 설명해줄 수 있죠.

"바다 해(海) 속에 '氵'이 원래는 '水'야. 水가 변신했네. 물 수(水)를 가지고 있는 한자는 물과 관련된 뜻을 가지고 있어. 그럼 강 강(江)에는 水가 어디 있는지 찾아볼까?"

활용 빈도가 높은 변신 한자

水	氵	人	亻	心	忄	手	扌
물 수		사람 인		마음 심		손 수	
刀	刂	火	灬	犬	犭	肉	月
칼 도		불 화		개 견		고기 육	

변신 한자를 알면 새로운 한자를 만나도 뜻을 유추할 수 있고 이미지를 떠올려볼 수 있어 한자 공부가 더욱 쉬워집니다. 이는 나중에 어휘를 공부할 때도 도움이 됩니다.

초등학교 5학년 1학기 과학 교과서에 '온도와 열'이라는 단원이 나옵니다. 이 단원에서는 열의 이동, 온도, 단열 등의 개념을 배우는데요. 이때 자주 사용되는 '열'은 한자로 더울 열(熱)입니다. 매우 복잡해 보이죠. 하지만 이 한자 속에서 '灬'이 불 화(火)라는 것을 안다면 불로 무엇인가를 뜨겁게 하는 이미지를 금방 떠올릴 수 있습니다. 한자가 더 쉽게 느껴지죠.

한자가 만들어진 원리를 알려준다

한자를 단순히 외우기보다 한자가 만들어진 원리를 알면 더욱 쉽고 빠르게 외울 수 있습니다. 이 원리를 알면 한자 공부의 수준이 한 단계 높아집니다. 모르는 한자를 만났을 때 뜻과 음을 유추할 수도 있습니다. 한자가 만들어진 원리를 '제자(製字)원리'라고도 하는데 크게 4가지로 나눕니다. 상형, 지사, 회의, 형성입니다. 그런데 아이들에게는 이런 용어조차 낯설지요. 그래서 저는 친근하게 느낄 수 있도록 그림 글자, 기호 글자, 합체 글자라고 설명합니다.

상형: "승윤아, 승윤이 물고기 좋아하지? 이 한자 봐봐. 물고기 어(魚). 위에서부터 머리, 비늘, 꼬리처럼 생겼지? 물고기 모양을 그대로 본뜬 거야. 한자는 그림에서 출발했어."

지사: "엘리베이터 탈 때 위로 가는 건 △ 이렇게 표시하고 아래로 가는 건 ▽ 이렇게 표시하지? 한자도 이렇게 기호를 나타내는 글자가 있단다. 위 상(上), 아래 하(下)도 기준선 위에 무엇인가 있다, 아래에 무엇인가 있다를 표현하는 일종의 기호야."

회의: "한자는 원래 있던 한자를 합쳐서 새로운 글자를 만들기도 해. 나무 목(木)과 나무 목(木)이 합쳐지면 무엇이 될까? 나무가 많은 숲이 되지. 그래서 나무 목(木) 두 개가 모여 수풀 림(林)이 되었어. 한자를 합치면 새로운 뜻을 가진 글자를 아주 많이 만들어낼 수 있어."

형성: "물 수(水)와 같을 동(同)이 합쳐지면 마을 동(洞)이라는 한자가 된단다. 인사동처럼 무슨 동할 때 쓰이는 한자야. 이 한자는 물 수(水)에서는 '물'이라는 뜻을, 같을 동(洞)에서는

한자가 만들어진 4가지 원리

제자 원리	의미	한자의 예
상형 (그림 글자)	구체적인 사물의 모습을 본뜬 것	魚
지사 (기호 글자)	추상적인 개념을 점이나 선으로 나타낸 것	上, 下
회의 (뜻 합체 글자)	두 글자 이상의 뜻을 결합해 새로운 뜻을 만든 것	林 (木+木)
형성 (뜻음 합체 글자)	두 글자 이상의 한자를 결합할 때 뜻과 음을 합친 것	洞 (水+同)

'동'이라는 음을 이용해서 새로운 한자를 만든 거야. 옛날에는 강이나 우물을 중심으로 마을을 구분했기 때문에 물이 마을이란 뜻이 된 거지."

한자가 만들어진 원리는 학자들마다 견해가 다른 글자들이 많습니다. 즉, 정확히 구분하는 것은 전혀 중요하지 않습니다. 그림 글자, 기호 글자, 합체 글자라는 원리가 있다는 것을 아는 것만으로도 큰 도움이 됩니다. 새로운 한자를 배울 때 '왜 이 한자는 이런 뜻을 가질까?'라는 질문을 던지고 아이가 스스로 생각하게 하세요. 답이 맞고 틀리고는 중요하지 않습니다. 그 과정에서 상상력과 사고력이 키워집니다.

3단계는 1, 2단계에서 재미를 붙이기 시작한 한자에 대해 더욱 흥미를 끌어올리고, 체계적인 접근 방법을 통해 본격적인 한자 학습으로 넘어가는 단계입니다. 특히 이 단계에서는 아이들이 갑자기 한자를 어려워하지 않도록 획수가 적고 간단한 한자부터 시작해야 합니다. 급수 배정 한자에 따라 무작정 시작하기보다 활용도가 높은 '우선 학습 한자 50자'를 미리 공부하면 더욱 효율적으로 공부할 수 있어요. 그다음 아이들이 복잡한 한자도 어렵지 않게 느낄 수 있도록 본격적인 한자 학습에 도움이 되는 팁을 알려주세요. '변신 한자'와 '한자가 만들어진 원리'를 알면 적은 노력과 시간으로도 한자 공부에 속도가 붙습니다.

4단계: 생활·교과 기초 한자 250자 익히기

수업이 끝나고 교실 문을 나서는데 한 아이가 저를 찾아왔습니다.

"선생님, 이거 드세요."

수줍게 내민 것은 바로 초코파이였어요.

"이걸 보니까 선생님이 수업 시간에 설명해주신 게 생각났어요. 여기 적힌 '뜻 정(情)'에 '忄'이 마음 심(心)이 변신한 것 맞죠? 그래서 이건 제 마음이에요."

아이의 말에 마음이 뭉클했습니다. 수업 시간에 말해준 걸 기억했다가 바로 활용하는 모습이 참 기특했어요. 우선 학습 한자 50자를 공부하면 이렇게 무심코 지나쳤던 한자들이 눈에 들어옵니다. '배웠던 한자인데 여기 들어가 있네'라고 한자가 친근하게 느껴지죠. 한자를 친근하게 느끼기 시작하면 생활·교과 기초 한자 250자(※ 271쪽,

274쪽 참고)도 금방 익힐 수 있습니다.

어느 날은 수업이 끝나고 쉬는 시간에 두 아이가 씩씩거리며 저를 찾아왔습니다.

"선생님, 우리 둘이서 내기를 했는데요. 유명한 사람들이 잘못을 하고 방송에 나와 사과할 때 '물의를 일으켜 죄송합니다' 하잖아요. 그때 무리가 맞아요? 물의가 맞아요?"

"아, 그렇게 헷갈릴 때도 한자를 기억하면 쉬워. 물건 물(物), 의논할 의(議). 어떤 물건, 사람에 대해 많은 사람들이 이러쿵저러쿵 의논하듯이 말한다는 뜻이야. '물의를 빚다' '물의를 일으키다'라고 쓰이지."

"아! 의논할 때 그 의구나"라며 고개를 끄덕이는 아이들의 눈에 느낌표가 떠오르는 듯했습니다. 한자를 알면 이렇게 생활 속 어휘, 교과서 속 어휘를 쉽게 이해할 수 있습니다.

생활·교과 기초 한자 250자는 기본 재료와 같은 역할을 합니다. 어휘력, 교과서 읽기, 고전 읽기를 완성하는 만능 재료와 같아요. 아이들이 생활 속에서든 공부할 때든 언제나 쉽게 꺼내서 활용할 수 있도록 초등에서 기초 한자 250자를 꼭 익힐 수 있도록 지도해주세요.

눈·입·손으로 기억하는 한자 암기법

우선 학습 한자 50자를 익혔다면 나머지 250자는 방학처럼 아이가 여유를 가질 수 있는 시간을 활용해보세요. 250자를 하루 5글자씩 50일 동안 공부한다고 생각하면 크게 부담되는 양은 아닙니다.

한자는 눈으로 세 번, 입으로 세 번, 손으로 세 번 익혀야 해요. 한자의 모양을 눈으로 보면서 뜻과 음을 큰 소리로 세 번씩 읽습니다. 마지막으로 한자를 세 번씩 써봅니다. 눈으로만 익히지 말고 손으로도 써보는 과정이 필요해요. 하지만 너무 많이 쓰는 것은 손만 아프고 오히려 한자 정서를 해칠 수 있어요. 3번 정도면 충분합니다. 이러한 과정을 거쳐야 눈, 입, 손이 연결되듯, 한자의 모양, 뜻, 음도 하나가 되어 머릿속으로 들어옵니다. 결국 반복과 누적의 과정을 거쳐야 한자가 외워지지요. 이 반복과 누적 과정을 얼마나 즐겁고 재미있게 할 수 있을까가 한자 암기의 포인트라고 할 수 있어요.

제가 수업 시간에 경험한, 아이들에게 한자를 가장 효과적으로 외우게 했던 방법은 바로 '한자 카드'였습니다. 영어 단어를 외울 때 단어장을 만들듯이 카드 앞에는 한자의 모양을 쓰고 뒤에는 한자의 뜻, 음을 적습니다. 그리고 짝끼리, 모둠끼리 서로 퀴즈를 맞추듯 한자를 외우게 했을 때 가장 학습 능률이 높았습니다. 이렇게 복습하면 한자의 모양과 뜻, 음을 대응시키며 저절로 외워지게 되지요.

집에서는 보통의 A4 용지보다 약간 두꺼운 종이를 사서 직접 잘라서 사용할 수 있어요. 최근에는 이미 단어장 형태로 만들어진 무지 단어 카드도 팔더라고요. 직접 아이와 한자 카드를 만들고 서로 문제를 내고 맞춰보세요. 이미 만들어진 한자 카드를 구입하는 것보다 훨씬 효과적입니다.

한자 카드를 직접 만드는 것이 번거롭다면 어플을 사용할 수도 있습니다. 제가 추천드리는 어플은 '클래스카드'입니다. 이미 영어 단어 암기 어플로 유명해서 많은 교사들이 수업 시간에도 활용하는데요. 무료 어플이기 때문에 집에서도 충분히 활용할 수 있어요. 이 어플은 이미 만들어진 단어장에 담긴 한자들을 외울 수도 있지만 내가 직접 세트를 따로 만들어 외울 수 있다는 것이 장점이에요. 아이와 함께 지금까지 공부한 한자들을 한쪽 칸에는 한자를 입력하고 다른 쪽 칸에는 뜻, 음을 입력하면 한자 카드가 자동으로 만들어집니다. 이 외에도 띵커벨, 카훗(Kahoot!), 워드월(Word wall) 등의 어플이 있으니 우리 아이와 잘 맞는 것으로 선택해보세요.

장기기억으로 저장하는 법

앞에서 제시한 방법에 따라 250자까지 추가로 익혔으면 한자의 기초 지식이 갖춰진 셈이에요. 우리 아이들의 한자 공부 목적은 한자 그 자체의 학습이 아닙니다. 높은 어휘력을 가지고 교과서를 잘 이해하고 교과 공부에 활용하기 위함입니다. 너무 많은 낱글자 학습은 오히려 아이들에게 부담일 수 있습니다. 나머지는 어휘로 확장해 어휘 속에서 뜻으로 풀면 됩니다. 제가 제시한 초등 필수 한자 300자는 어휘 이해를 위한 '알고리즘'을 만들어줍니다. 기초가 있어야 확장성도 있습니다.

이렇게 단계에 따라 학습한 한자를 언제든 꺼내서 나의 공부와 나의 삶에 활용할 수 있으려면 단기기억이 아닌 장기기억으로 보내줘야 합니다. 어떻게 하면 더 효율적으로 한자를 기억할 수 있을까요?

한자를 다음과 같은 방법으로 '묶어서' 공부하도록 해보세요.

① 끼리끼리 한자 공부

공통점이 있는 한자들끼리 묶어서 공부합니다. 같은 한자가 들어간 한자들을 비교하여 학습하면 '뜻'과 관련이 있다는 것을 알게 되거든요. 예를 들어 앞에서도 설명한 물 수(水, 氵) 가 들어간 글자들을 묶어서 공부할 수 있어요. 江(강 강), 洞(마을 동), 海(바다 해), 溫(따뜻할 온), 消(사라질 소), 治(다스릴 치), 流(흐를 류). 부록의 300자 목록에서 물 수(水, 氵)가 들어간 글자들을 찾아보고 왜 그런 뜻을 가졌는지 생각해보세요.

② 알쏭달쏭 한자 공부

모양이 비슷해 헷갈리는 한자들을 묶어서 공부합니다. 한자에 대한 오개념을 줄여주고 모양을 확실히 구별할 수 있게 돼요. 예를 들어 人(사람 인), 八(여덟 팔), 入(들어갈 입)은 비슷하게 생겨서 한자를 처음 익히는 아이들이 가장 헷갈려하는 글자입니다. 또 日(날 일), 白(흰 백), 百(백 백)도 마찬가지예요. 좀 더 복잡한 글자로는 馬(말 마),

鳥(새 조), 魚(물고기 어)도 있지요. 부록의 300자 목록에서 비슷하게 생긴 글자들을 표시하고 묶어서 공부해보세요. 따로따로 공부했을 때보다 훨씬 효과적으로 한자를 기억할 수 있습니다.

③ 어휘 밀착 한자 공부

뜻이 같거나 반대인 한자들을 묶어서 공부합니다. 예를 들어 貧(가난할 빈)과 富(부유할 부), 冷(찰 냉)과 溫(따뜻할 온), 輕(가벼울 경)과 重(무거울 중) 등은 뜻이 서로 반대인 글자입니다. 말씀 설(說)과 말씀 화(話), 생각 상(想)과 생각할 고(考) 등은 뜻이 서로 같은 글자입니다.

또는 같은 음을 가졌지만 뜻이 다른 한자들을 묶어서 공부할 수도 있습니다. 良(좋을 량)과 量(헤아릴 량)은 소리는 같은 '량'이지만 뜻은 전혀 다릅니다. 예를 들어 개량(改良)은 '고쳐서 좋게(良) 하다'라는 뜻이고, 계량(計量)은 '양(量)이나 무게를 재다'라는 의미로 각각 다르게 쓰인다는 걸 알 수 있습니다.

이렇게 한자를 묶어서 공부하면 하나의 한자가 그물코가 되어 다른 한자들이 낚여집니다. 흩어져 있던 한자가 머릿속으로 정리되고 한눈에 보입니다. 적은 노력과 시간으로도 많은 한자를 암기하고 이해할 수 있습니다. 이렇게 생긴 한자 알고리즘은 어휘도 효과적으로 배울 수 있게 도와줍니다.

5단계:
어휘로 확장하기

지금 집 거실을 한 번 둘러보세요. 무엇이 보이시나요? TV, 소파, 아이들 장난감이나 책…. 대한민국 가정집이라면 거실 풍경은 모두 비슷할 겁니다. 그런데 혹시 거실에 지도, 도감, 사전이 있으신가요? 얼마 전 우연히 《거실 공부의 마법》이라는 책을 읽었습니다. 이 책의 저자 오가와 다이스케는 일본 최고의 초등 학습 전문가로 꼽힙니다. 그는 공부 잘하는 아이들의 집을 보면 거실에 지도, 도감, 사전이 있었다고 합니다. 언제든 아이의 지적 호기심을 채워줄 수 있도록 손만 뻗으면 닿는 곳, 거실의 가장 잘 보이는 곳에 이런 것들을 비치해두는 것이죠. TV를 보다가 궁금한 점이 있으면 그 자리에서 바로 부모와 함께 도감이나 사전을 펼칩니다. 공부한다는 압박감 없이 즐겁게 지식을 늘려갈 수 있는 그야말로 마법의 아이템입니다.

어휘력 향상의 결정적 시기, 답은 한자어다

아이가 어릴 때 물어보는 것들은 제가 바로 대답해줄 수 있는 쉬운 것들이었습니다. 우리 아이는 내비게이션에서 나오는 '서행하세요'라는 말을 자주 물어보곤 했어요.

"아, 서행은 천천히 서(徐), 갈 행(行). 천천히 가라는 말이야."

그런데 아이가 커갈수록 질문의 수준이 높아지고 저도 잘 모르는 것들이 많아졌습니다.

"엄마, 뉴스에 나오는 '전철을 밟다' '고취하다'가 무슨 뜻이에요?"

이때 대충 얼버무리거나 "엄마도 잘 몰라"라고 대답해버린다면 아이는 점점 지적 호기심을 잃고 질문을 하지 않게 됩니다. 특히 유아와 초등 저학년까지는 아이의 어휘력이 폭발적으로 증가하는 시기입니다. 이미 아는 어휘가 많은 아이는 새로운 어휘를 더 쉽게 배웁니다. 따라서 어휘력의 가장 결정적인 시기가 바로 이때입니다. 이 시기를 놓치면 나중에는 어휘력을 향상시키기 위해 더 많은 시간과 노력을 들여야 합니다.

이 시기 어휘력을 높이려면 아이의 질문에 이렇게 대답하면 됩니다.

"엄마도 잘 모르겠는데, 우리 같이 사전을 찾아볼까?"

부모와 상호작용하며 적극적으로 사전을 활용하는 것이죠. 이미 이전에 한자를 배운 아이들은 이때 빛을 발하기 시작합니다. 한자 공부의 진정한 의의는 한자어 공부에 있다고 할 수 있습니다. 그동안 배운 한자들이 단어에 어떻게 활용되는지 알게 되면서 한자 공부의 참맛을 느끼게 됩니다.

저는 이번에 초등학교에 입학한 쌍둥이 조카들에게 사전을 선물로 사줬습니다. '너무 이른 거 아니야?'라고 반문할 수 있겠지만 어릴 때부터 자주 사전을 펼치고 모르는 어휘를 찾다 보면 자연스럽게 습관으로 자리 잡습니다. 이런 아이들은 나중에 다른 공부를 할 때도 궁금증을 스스로 찾아 해결하는 자기 주도적 공부를 하게 됩니다. 요즘은 모르는 것이 있을 때 손쉽게 스마트폰으로 검색합니다. 쉽게 알게 된 지식은 쉽게 사라집니다. 초등학교 3학년과 4학년 국어 교과서에는 '반갑다 국어사전' '사전은 내 친구'라는 사전 관련 단원이 있습니다. 가정에서도 종이 사전 활용하는 법을 아이들에게 알려주세요. 책장을 넘기는 행위 자체가 뇌를 자극하고 검색해본 내용보다 머리에 더욱 명확하게 남습니다. 아이가 사전으로 찾아본 어휘를 더 궁금해하면 그때 인터넷으로 검색하고 이미지나 영상 자료로 확장해갈 수 있도록 유도해주세요.

〈사전 고르는 팁 및 활용법〉

① 한자어의 경우 한자와 뜻, 음이 함께 적혀 있는 사전을 고른다.

추천: 《속뜻풀이 초등국어사전》 전광진 편저, 속뜻사전교육출판사

② 시각 자료가 풍부한 어린이용 사전을 고른다.

③ 비교해볼 수 있도록 어른용 사전도 함께 구비한다.

④ 사전을 거실의 가장 잘 보이는 곳에 둔다.

⑤ 사전 책갑은 무조건 벗겨두어 손쉽게 펼칠 수 있도록 한다.

⑥ 찾아본 단어는 형광펜 등으로 표시해둔다.

⑦ 반드시 예문을 함께 보고 읽는다.

⑧ 인터넷 검색을 병용하여 지식을 확장한다.

저학년은 일기, 고학년은 교과서 지문을 활용하라

아이들이 자랄수록 모르는 어휘는 주로 한자어에 해당합니다. 이전에 한자 학습 경험이 있는 유아와 초등 저학년 아이들은 이미 어휘 공부에 유리한 무기를 확보한 셈입니다.

유아와 초등 저학년 때는 생활 속에서 자주 쓰이는 어휘에 초점을 맞춰 학습하는 것이 좋습니다. 가장 활용하기 좋은 자료가 바로 '아이가 쓴 일기'입니다. 일기 속에서 2~3개의 어휘를 찾아 어떤 한자로 이루어졌는지 쓰고 뜻을 풀이합니다. 따로 단어장을 만들어 기록하기보다 색깔 펜으로 밑줄을 긋고 밑에 한자와 뜻, 음, 의미를 적습니다.

초등 고학년이 되면 긴 글을 통해 어휘를 확장합니다. 신문 기사, 학교에서 배운 교과서의 내용, 평소에 공부하는 교재 속의 지문 중 핵심어에 해당하는 2~3개의 어휘를 한자로 바꾸어 써보는 연습을 합니다. 이러한 연습으로 한자-어휘-문장이 연결됨으로써 단어의 의미를 확실하게 알게 되고 나아가 문장의 내용을 완전하게 이해할 수 있습니다.

다음은 초등학교 4학년 2학기 과학 교과서에 나오는 내용입니다. 핵심어인 '표면'과 '응결'에 해당하는 한자를 찾아서 음과 뜻을 적어보고, 어휘의 뜻도 써볼 수 있습니다.

> 차가운 컵 표면에서 어떤 변화가 있을까요?
>
> ↘ 겉 표(表), 얼굴 면(面). 겉으로 나타나는 부분이나 면
>
> 시간이 지나면 차가운 주스가 든 플라스틱 컵 표면에 물방울이 맺힌다.
> 처음과 비교해 컵의 무게가 늘어난다.
> 공기 중의 수증기가 **응결**해 물이 된다.
>
> ↘ 엉길 응(凝), 맺을 결(結). 엉기어 맺힘.

한자 사전을 통해 단어의 의미를 한자로 풀어서 공부한 아이들은 머릿속에 어휘가 더 체계적이고 정교하게 자리 잡습니다. 이는 어휘력의 폭발적인 향상과 함께 실제로 수능시험에서도 직접적인 도움이 됩니다. 수능 국어의 경우, 어려운 단어는 괄호 안에 한자가 함께 병기되는 경우가 많습니다. 이때 한자를 알고 있는 아이들은 한자를 통해 단어의 뜻을 유추하고 문제를 푸는 데 엄청난 힌트가 됩니다.

일반 한자 사전 외에 단어의 의미를 한자로 풀이한 속뜻 사전을 활용하면 단어의 의미를 더욱 분명하게 파악할 수 있습니다.

일반 사전	속뜻 사전
호흡(呼吸) 1. 숨을 쉼. 또는 그 숨. 2. 함께 일을 하는 사람들과 조화를 이룸. 또는 그 조화. 3. 생물이 외계에 산소를 흡수하고 이산화탄소를 몸 밖으로 내보냄. 또는 그런 과정	호흡(呼吸)(내쉴 호, 마실 흡) 1. 숨을 내쉬고 들여 마심. 또는 그 숨. 2. 두 사람 이상이 함께 일할 때 서로의 마음. 3. 생물이 몸 밖에서 산소를 들이마시고 신진대사로 생긴 탄산가스를 밖으로 내보내는 작용.

같은 '호흡'이라는 어휘의 뜻이지만 호흡이라는 한자를 보면 '내쉬고 마신다'는 뜻을 명확히 알 수 있습니다. 단순히 '숨을 쉰다'가 아니라 마시고 내보내는 작용이 머릿속에 더욱 정확히 그려지죠. 한자를 통한 속뜻 공부법은 이처럼 단어의 의미를 직관적으로 파악할 수 있도록 해줍니다. 이는 결국 그 단어가 들어간 문장의 전체적인 의미를 이해하는 데도 큰 도움이 됩니다.

어휘력을 늘리는 히든카드, 한자성어

이 시기에 어휘력을 늘리는 또 하나의 히든카드는 바로 '한자성어'입니다. 한자성어는 뉴스, 신문, 일상 대화 등 실생활 속에서 자주 만나게 됩니다. 한자성어는 상황을 비유적이고 압축적으로 나타냅니다. 일종의 관용적 표현으로 우리들의 언어생활을 풍부하게 해주죠. 한자성어에는 실제 역사 사건, 비유적 이야기, 유명한 경전이나 문학 작품의 구절 등 다양한 유래가 있습니다. 그야말로 문학, 역사, 철학의 집약체라고 할 수 있습니다.

나중에 시험을 위해 한자성어를 급하게 달달 암기하는 것보다 초등학교 때부터 미리 '이야기'로서 친근하게 접근하는 것이 좋습니다. '재미있는 이야기를 읽다 보니 자연스럽게 한자성어까지 알았다'가 되는 것이죠. 따라서 이 시기에는 한자성어 동화나 만화를 활용하여 이야기에 흥미를 느끼게 하는 것이 필요합니다.

한자성어는 하나의 이야기가 유명해져 4글자로 압축되고, 그것이 사람들의 입에 오르내리며 널리 쓰이면서 일반적 의미로 굳어진 것입니다. 그러므로 한자성어의 '직접적인 뜻'인 '겉뜻'과 함께 '일반적인 의미'인 '속뜻'까지 함께 알아두어야 합니다. 그리고 한자성어를 배우는 가장 궁극적인 목표는 바로 언어생활에 활용하는 것입니다. 한자성어는 옛이야기에서 유래했지만, 현재의 다른 상황에 적용하여 쓰일 때 비로소 가치를 가집니다. 따라서 한자성어가 활용된 예문을 찾아보거나 직접 문장을 만들어보도록 해야 합니다.

다음은 지영이와 엄마가 대화하며 '단장(斷腸)'이라는 한자성어를 배워가는 과정입니다. 한자성어는 보통 네 글자로 이루어져 있어 사자성어(四字成語)라고 하지요. 하지만 '단장(斷腸)'처럼 두 글자로 이루어진 성어도 있어요.

"지영아, 원숭이 이야기 한번 들어볼래? 옛날에 한 병사가 배를 타고 전쟁하러 가는 중이었어. 그 병사는 절벽에서 덩굴을 가지고 노는 새끼 원숭이를 발견했는데, 귀엽다고 잡아가 버렸지. 이 모습을 본 어미 원숭이가 슬피 울면서 며칠 동안 먼 거리까지 그 배를 따라왔어. 배가 강기슭에 멈추자 얼른 배에 올라탔는데 그대로 죽고 말았어. 그래서 다른 병사들이 어미 원숭이의 배를 갈라보니 창자가 마디마디 끊어져 있었던 거야."

"엄마, 정말 슬픈 이야기네요. 그 병사가 너무 나빠요. 어미 원숭이가 얼마나 슬펐을까요?"

"그 병사는 장군에게 크게 혼이 나고 쫓겨났지. 이 이야기를 줄여서 '단장'이라고 하는데 끊을 단(斷), 창자 장(腸). '끊어진 창자'라는 뜻이야. 이후로 사람들이 '창자가 끊어질 듯한 큰 슬픔'을 '단장'이라고 말한대. 어떤 상황에서 쓰일 수 있을까?"

"얼마 전, 튀르키예 지진으로 많은 사람들이 희생되었어요. 뉴스에서 사진을 보았는데 이미 죽은 딸의 손을 놓지 못하고 계속 잡고 있는 아빠의 모습이 먹먹하더라고요. '단장' 이야기를 들으니 그 사진이 떠올라요."

한자에 재미를 붙이고 쉬운 글자부터 시작해 한자 공부에 탄력이 붙은 아이는 점점 어휘로 확장해갑니다. 단어는 결국 문장 속에서 어떻게 쓰이는가가 중요합니다. 유아, 초등 저학년 시기에는 일기 속 어휘를 한자로 바꾸는 연습을 하고, 초등 고학년 이후에는 교과서 내용이나 문제집의 지문을 활용하여 한자로 바꾸는 연습을 합니다. 한자-어휘-문장이 연결된 공부는 아이의 어휘력과 더불어 문해력까지 높여줍니다.

한자성어 동화와 만화 추천도서

	**하늘천 고사성어 한자동화** 전 56종으로 구성된 시리즈 동화책입니다. 한자성어 하나를 한 편의 동화로 이야기해줍니다. 본문에서 주요 한자를 하나씩 알려주어 기초 한자를 학습하기에 좋습니다. 유아~초등 저학년이 활용하기 좋습니다.
	**읽으면서 바로 써먹는 어린이 사자성어** 아이들의 일상을 담은 만화와 함께 100개의 사자성어를 소개합니다. 한자의 음과 뜻을 알려주고 알기 쉽게 설명을 덧붙였습니다. 같은 시리즈로 《어린이 고사성어》도 있습니다. 초등 전 학년에게 추천합니다.
	**국어 쑥쑥 표현 쑥쑥 초등 사자성어** 만화와 학습을 결합한 형태의 책으로 초등 중·고학년에게 적합합니다. 총 55개의 사자성어를 각각 만화로 재밌게 이야기해준 후 쓰기와 퀴즈풀기로 학습할 수 있게 했습니다.

여기에 한자성어까지 확장합니다. '공부해야 할 것이 늘었다'라고 생각하기보다 아이들이 좋아하는 옛이야기를 들려준다는 느낌으로 접근해보세요. 나중에 시험을 위한 한자성어 공부는 부담이 되겠지만 이야기로 먼저 접한 아이들은 실생활 속에 쓰이는 한자성어를 이해하고 더욱 풍부한 어휘력을 가지게 될 겁니다.

초등학교 시기는 어휘력을 향상할 가장 결정적인 시기입니다. 이전의 한자 학습 경험이 있는 아이들은 어려운 어휘에 대한 두려움이 별로 없습니다. 사전을 활용하고, 한자어를 한자로 풀이하고, 문장 속에서 어떻게 쓰이는가를 안다면 저절로 어휘력이 향상됩니다.

초등 어휘 자신감, 한자 공부로부터 시작됩니다.

4장

공부머리, 마음그릇 모두 키우는 고전 읽기

초등학생이 고전을 읽어야 하는 이유

2019년에 방영된 〈스카이캐슬〉은 지금도 교육에 관심 있는 부모들 사이에서 회자되는 드라마입니다. 저는 그중에서 18회에 나온 강준상의 대사가 아직도 생각납니다.

"어머님은 도대체 언제까지 절 무대 위에 세우실 겁니까? 그만큼 분칠하고 포장해서 무대 위에 세워놓고 박수받았으면 되셨잖아요? 어머님 뜻대로 분칠하는 바람에 제 얼굴이 어떻게 생겨 먹었는지도 모르고 근 오십 평생을 살아왔잖아요."

드라마 〈스카이캐슬〉의 강준상은 엄마의 말에 따라 의대에 갔고 의사가 되었습니다. '왜 공부를 해야 할까?' '나는 커서 무엇이 될까?'에 대해 고민하지 않았습니다. 우리 아이들도 엄마의 손에 이끌려 학원에 가고 숙제할 때가 많지요. 고민할 기회가 주어지지 않습니다. 그렇게 누군가에 이끌린 채 인생을 살다가 강준상처럼 위기를 맞이하면 크게 흔들립니다. 어떤 선택을 해야 할지 혼란스럽습니다. 이때 필요한 것이 바로 '가치관'입니다. 가치(價値)란 값어치입니다. 자신이 중요하다고 생각하는 것에 값을 매기는 것이죠. 어떤 것이 가치 있는지 자신만의 판단 기준을 가지고 있어야 합니다.

"인간 정신은 타인의 생각을 소유함으로써가 아니라, 자신만의 판단 기준을 세우고 자신만의 생각을 생산함으로써 비로소 참된 자유를 얻는다."

시집 《기탄잘리》로 아시아인 최초 노벨문학상을 받은 타고르의 말입니다. 어떻게 하면 자신만의 판단 기준을 세우고 자신만의 생각을 생산할 수 있을까요? 답은 바로 고전에 있습니다.

초등부터 고전을 읽어야 하는 이유는 크게 4가지로 정리할 수 있습니다.

① 자신만의 생각을 가진 주도적인 아이가 됩니다.

② 생각과 행동을 변화시킬 인생 책을 만납니다.

③ 높은 어휘력과 사고력으로 교과서가 쉬워집니다.

④ 변하는 입시제도에도 흔들리지 않게 됩니다.

고전은 아이들의 생각과 행동을 변화시킨다

우리는 어릴 때 자연스레 아이들에게 전래동화를 들려줍니다. 전래동화도 일종의 고전입니다. 전래동화는 선악 구조가 분명하고 권선징악의 교훈을 줍니다. 전래동화를 읽으면서 아이들은 자연스레 옳고 그름에 대해 판단하게 됩니다.

좀 더 커서는 고전이 아이에게 그런 역할을 합니다. 고전은 인류의 위대한 스승들이 우리에게 던져주는, 인간에 대한 성찰과 삶에 대한 메시지입니다. 그런 메시지는 '나는 제대로 살고 있나?' '어떤 가치를 추구해야 하는가?' '어떤 삶이 옳은가?'에 대해 스스로 질문하고 답을 찾도록 유도합니다. 고전을 읽으면 다음과 같은 과정이 자연스럽게 체득됩니다.

옳고 그름의 구별 → 판단력 → 가치관 형성 → 자신만의 생각 → 통찰력

건강한 가치관이 형성되면 세상을 바라보는 자신만의 생각, 즉 관점이 생깁니다. 옳은 것, 바람직한 것, 해야 할 것들에 대해 나름의 생각을 가지는 것이죠. 이는 문제를 해결하는 통찰력으로까지 이어집니다. 자신만의 생각이 바르게 정립된 아이는 자기 주도적으로 인생을 꾸려갑니다.

그동안 우리의 독서 교육은 빨리 많이 읽어 정보를 습득하는 데

초점이 있었죠. 아이들은 소화불량에 걸렸습니다. 그래서 지금은 그에 대한 반발로 슬로리딩 운동과 함께 다독보다는 정독을 강조하게 되었죠. 그에 따라 2015 개정 국어과 교육과정에도 '한 학기 한 권 읽기'가 반영되었습니다. 고전은 다른 책보다 천천히 읽기에 알맞은 책입니다. 후루룩 읽어 줄거리를 파악하는 것이 아니라 곁에 두고 자주 꺼내 보면서 오랜 시간에 걸쳐 읽어야 합니다. 천천히 읽으면서 행간의 의미를 파악하려고 애써야만 깨달음을 얻을 수 있습니다.

"책은 우리 안의 꽁꽁 얼어붙은 바다를 깨는 도끼여야 한다."

소설가 프란츠 카프카의 말입니다. 고전은 아이들에게 도끼가 됩니다. 아이들도 마음을 울리는 구절을 만나면 생각과 행동이 변합니다. 그것이 바로 구절의 힘이죠. 우리는 흔히 인생 맛집, 인생 영화, 인생 사진 등 지금까지 살면서 가장 좋았던 것에 '인생'을 붙이곤 합니다. 고전은 아이들에게 인생 책이 될 확률이 높습니다. 도끼를 찍듯이 내 머리에 전율을 느끼게 하는 인생 책을 고전 중에서 만나게 됩니다. 누군가 "너의 인생 책은 무엇이니?"라고 물었을 때 당당하게 답을 할 수 있겠죠.

고전 읽기는 모든 입시제도에 통한다

아이들이 고전을 읽고 나면 느끼는 가장 큰 감정은 바로 '성취감'입니다. '내가 두껍고 어려운 책을 읽었어! 나는 이런 책을 읽은 사람이야!'라는 자신감이 생깁니다. 고전을 읽고 난 후 교과서나 일반 책을 보면 쉽게 느껴집니다. 고전이 일종의 모래주머니 역할을 한 것이죠. 운동선수가 무거운 모래주머니를 달고 훈련하다가 모래주머니를 빼면 훨훨 날아다닙니다. 자신의 현재 수준보다 한 차원 높은 수준의 독서 경험은 아이들에게 독서 근육을 만들어줍니다. 고전을 읽으면서 자연스럽게 새로운 어휘에 자극받고 긴 호흡의 글을 읽으며 이해력이 쌓입니다.

고전에는 단편적인 사고보다는 종합적인 사고력을 요구하는 문장들이 많습니다. 특히 인문·철학 고전은 동서양의 철학자들이 인간과 인생이라는 주제에 대해 자기 의견을 밝히고 다양한 비유와 근거를 들어 말합니다. 이런 글에 지속적으로 노출되면서 아이들의 공부 머리는 비약적으로 발전하고 논리적 사고력도 길러집니다.

내신, 수능, 논술 등 제도가 어떻게 변해도 모든 입시의 핵심은 사고력입니다. 사고력(思考力)은 생각하는 힘입니다. 고전을 읽는다는 것은 생각하는 방법을 익히는 과정과 같습니다. 얼핏 논술은 글쓰기 시험 같지만, 사실은 사고력을 평가하는 시험입니다. 다음은 연세대학교에서 발표한 논술 시험의 취지입니다.

"주어진 제시문에 대한 독해력과 분석력, 주어진 문제를 해결하기 위한 논리적 사고와 이를 종합하는 독창적이고 창의적인 사고력을 평가하는 것을 그 목적으로 한다."

논술 시험뿐 아니라 앞으로 고교학점제에 따른 내신의 절대평가

도입과 서술형 시험의 확대로 종합적 사고력은 더욱 중요하게 부각될 것입니다.

논·구술 주간지 〈유레카 논술〉 창간호는 서울대 등 18개 주요 대학의 논술 기출문제 474건을 분석했습니다. 반복 출제되는 제시문을 조사한 결과, 7년 동안 9번 출제된《장자》에 이어《논어》(5회) 《맹자》(4회)가 그 뒤를 이어 동양 고전이 반복 출제되는 것으로 분석했습니다. 이는 고전이 배경지식을 쌓는 데 큰 도움이 된다는 것을 의미합니다. 최근 수능에서도 국어영역이 어려워졌는데 특히 정답률 30퍼센트 이하의 고난도 문항이 대부분 비문학 파트입니다. 평소 고전을 읽어 배경지식을 차근차근 쌓아온 아이라면 비문학 지문을 읽고 문제를 해결하는 데도 큰 도움을 받을 수 있습니다.

그런데 왜 꼭 초등 시기일까요?

고전을 초등 시기에'만' 읽어야 한다는 것이 아니라 초등 시기'부터' 읽어야 한다는 것입니다. 학교에서 시험을 보고 자신의 객관적 성적을 알게 되는 시기는 중학교 2학년부터입니다. 교과 공부에 신경 쓸 수밖에 없지요. 하지만 상대적으로 초등 시기는 여유가 있습니다. 중·고등 시기에 비해 독서에 투자할 시간과 에너지가 있습니다. 초등 시기에는 영어 단어, 수학 공식 몇 개를 더 아는 것이 중요한 게 아닙니다. 지식을 쌓아가는 시기가 아니라 저변을 넓혀가는 시기지요. 저변이란 밑바탕입니다. 넓고 튼튼한 밑바탕이 있어야 그 위에 더 많은 지식을 쌓아갈 수 있습니다. 저변을 넓혀갈 때 필요한 것이 바로 배움에 대한 태도와 정서입니다.

《자유론》으로 유명한 존 스튜어트 밀은 영국의 경제학자이자 철학자입니다. 그는 자신의 자서전에서 "아버지로부터 받은 철학 고전 독서 교육 덕분에 또래보다 25년 이상 앞설 수 있었다"라고 고백합니다. 고전의 내용을 살펴보고 읽어가는 과정에서 아이의 정서와 학습에 큰 성장을 기대할 수 있습니다.

우리는 인생을 살다가 크고 작은 위기를 맞이합니다. 우리 아이들도 마찬가지입니다. 언제까지 부모가 곁에서 그 문제를 해결해줄 수 없습니다. 그럴 때 필요한 것이 아이 스스로 자신만의 판단 기준을 세우고 자신만의 생각을 가지는 것입니다. 그래서 아이들에게 고전을 권해야 합니다. 고전에는 깊은 사색으로 유도하는 명문장들이 많습니다. 천천히 고전을 읽어가는 과정에서 자연스럽게 생각하는 힘이 길러집니다.

고전을 통해 길러진 높은 사고력과 어휘력을 가진 아이는 교과서도 쉽게 이해합니다. 변하는 입시제도에도 흔들리지 않지요. 독서에 투자할 시간과 여유가 있는 초등 시기에 특히 고전을 읽어야 합니다. 초등 시기는 지식을 쌓아가는 시기가 아니라 쌓을 수 있는 토대를 단단하게 다지는 시기입니다. 고전을 통해 공부 머리를 만들고 마음 그릇을 키워가야 합니다.

내면을 단단하게 만드는 고전 독서

"선생님, 저 학교 그만두고 싶어요."

어느 날, 우리 반 한 여학생이 제게 와서 울먹이며 이렇게 말했습니다. 저는 따로 이유를 묻지 않았습니다. 대신 손을 꼭 잡아주었어요. 최근 친하게 지내던 친구들과 갈등이 있어 힘들어하던 아이였기 때문입니다. 그동안 밝게 학교생활을 잘해왔는데 친구 관계로 인해 갑자기 자퇴를 고민할 만큼 괴로워하는 모습을 보니 안타까웠습니다.

"열심히 하고 있는데 기대만큼 성적이 나오질 않아요. 부모님께서 실망하실까 봐 걱정돼요."

또 다른 학생은 1학년 때부터 공부를 열심히 했던 상위권 학생입니다. 그런데 2학년 말이 되자 유독 긴장하고 불안한 모습을 보였습니다. 어느 날 따로 불러서 무슨 일이 있냐고 물었더니 이렇게 말했습니다. 이 학생은 그동안 부모님의 전폭적인 지지와 기대를 한 몸에 받았고 학업을 충실히 해왔습니다. 하지만 고등학교에 입학하면서 원하는 만큼의 성적이 나오지 않자 원하는 대학에 가지 못할까 봐 불안해지기 시작했던 겁니다. 스스로에 대한 실망도 컸지만, 특히 부모님을 실망시켰다는 사실이 더 견딜 수 없었나 봅니다. 항상 똑똑하고 야무진 모습만 보이던 아이가 자존감마저 무너져 하염없이 우는 모습을 보니 마음이 아팠습니다.

불안과 걱정에 대한 답을 고전에서 찾아라

친구, 부모님, 학업 등 아이들은 여러 이유로 크든 작든 고민하고 흔들릴 때가 있습니다. 흔들린다는 것은 성장하고 있다는 증거이지요. 하지만 그대로 길을 잃고 다시 회복하지 못하는 경우도 많이 보았습니다. 위기가 왔을 때 내면이 단단한 아이는 다시 중심을 잡습니다. 자기만의 구심점이 있기 때문이지요. 아이가 성장하면서 흔들리지 말 것을 기대하기보다 흔들려도 회복할 만한 힘을 가지도록 도와주는 것이 필요합니다.

이런 힘을 기르는 데 고전 읽기가 큰 도움이 됩니다. 《사자소학》《명심보감》《논어》 같은 동양 고전에는 효, 친구, 배움, 마음가짐, 처세, 수신 등 다양한 가치에 대해 생각할 수 있는 문장들이 많습니다. 이것을 자기 삶과 연결 짓고 반추하며 적용해볼 수 있습니다. 이런 문장을 읽고 필사하는 과정을 통해 끊임없이 자신의 내면을 들여다보게 됩니다. 우리가 살면서 겪는 불안과 걱정에 대한 답을 고전을 읽으면서 찾아갈 수 있는 것입니다.

아이들은 바쁜 일상에서 국어, 영어, 수학 공부는 열심히 하지만 정작 자기에 관한 공부는 해본 적이 없습니다. 잠시 멈춰 서서 자기를 돌아볼 성찰의 시간을 갖기 힘들죠. 하지만 자기에 관한 공부는 갑자기 길을 잃고 헤맬 때 다시 중심을 잡아주는 역할을 합니다. '나는 누구이며 무엇을 좋아하고 왜 공부를 하고 있지?' '어떤 가치를 추구하고 어떤 삶을 살아갈 것인가?'와 같은 고민을 한 적이 있는 아이라면 어느 순간 길을 잃고 헤맬 때 다시 중심을 잡을 수 있습니다.

외부의 평가와 비교에 흔들리는 아이

天不生無祿之人, 地不長無名之草

천불생무록지인, 지부장무명지초

하늘은 복 없는 사람을 내지 않으며,

땅은 이름 없는 풀을 자라게 하지 않는다.

《명심보감》에 나오는 구절입니다. 여기서 록(祿)은 '복'이기도 하고 관리가 받는 녹봉, '봉급'이기도 합니다. 어떤 뜻으로 해석해도 전체적인 의미는 비슷합니다. 사람은 모두 타고난 복이 있고, 타고난 제 먹을 것이 있다는 말이지요. 땅에 이름 없는 풀이 없는 것처럼 사람은 누구나 그 존재만으로도 의미가 있습니다.

'난 못생겼어.'

'공부도 못해, 부자도 아니야.'

'난 왜 태어났을까?'

아이들은 특히 외부의 평가와 인정에 신경을 씁니다. 남과의 비교로도 금방 상처받지요. 스스로 자신의 장점보다 단점을 더욱 부각시키며 괴로워해요. 그럴 때 이 구절을 읽으면서 존재 그 자체에는 모두 의미가 있다고 말해주세요. 이 세상에 와서 이렇게 살아가고 있는 존재의 의미에 대해 생각하고 느낄 수 있도록 이야기해주세요.

"너에게 주어진 복이 무엇인지 찾아보자. 인생이란 어쩌면 나에게 주어진 록(祿)이 무엇인지를 찾아가는 과정이 아닐까?"라고 질문을 던지며 대화해보세요. 아이는 나의 의미를 찾고 단점보다는 장점에 집중하며 자신을 진지하게 바라보는 연습을 하게 될 겁니다.

친구 관계로 힘들어하는 아이

여러 번 이야기 하고 약속해도 여전히 지각하는 습관이 고쳐지지 않는 학생이 있었습니다. 어떤 날은 그 아이에게 가까이 다가가니

담배 냄새가 심하게 났습니다. 지각에 흡연까지, 이대로는 안 되겠다 싶어 부모님과 통화를 했습니다. 부모님께서도 요즘 아이가 학원도 자꾸 빠지고 잘못된 행동을 한다고 걱정하시더라고요. 그런데 알고 보니 정작 이유는 다른 데 있었습니다.

"사실 학교에 입학해서 친해진 친구들이 있는데 그 무리에서 저만 혼자가 될까 봐 두려워요. 저는 담배를 피우고 싶지 않은데 아침에 등교할 때 친구들이 담배를 피우러 가자고 하니까 저도 거기에 가게 되었어요. 학교 끝나고 좀 놀다가 학원에 가야 하는데 저만 학원에 간다고 빠지면 친구들이 저를 싫어할까 봐 말을 못 하겠어요."

子曰: 君子 和而不同, 小人 同而不和

자왈: 군자 화이부동, 소인 동이불화

공자가 말씀하셨다.

군자는 조화롭게 어울리되 편을 만들지 않고,

소인은 편을 만들되 조화롭게 어울리지는 못한다.

아이의 말을 듣고《논어》의 이 구절이 딱 생각나더군요. 이 구절은 '화(和)'와 '동(同)'의 의미를 이해하는 것이 중요합니다. 화(和)는 '화목하다' '화하다'는 뜻이에요. 각자의 차이와 다름을 인정하면서도 함께하는 조화로운 상태를 말합니다. 동(同)은 '같다'는 뜻이에요. 차이와 다름이 아니라 무조건 같아지게 해서 편을 만들고 무리를 짓는 것입니다.

'우리 모두 이렇게 하니까 너도 이렇게 해' 하며 같이 어울려 다니고 편을 만들어야만 친구가 되는 것이라면 그런 관계는 끊어내는 것이 더 낫습니다. 아이들에게 또래 관계는 참 중요합니다. 친구에 의해 영향을 많이 받는 시기입니다. 그럴수록 친구에 의해 휘둘리기보다 나를 중심에 두고 진정한 친구란 무엇인가에 대해 생각해보는 시간도 필요합니다.

돈에 대한 어긋난 가치관을 가진 아이

저는 최근 2년 동안 학교 폭력 업무를 맡았습니다. 모두가 기피하는 업무를 떠맡았지만, 많이 배우고 경험하는 계기가 되었습니다. 특히 학교의 가장 어두운 면을 바로 앞에서 보면서 또 아이들의 마음의 소리를 가장 가까이서 들을 수 있었습니다.

가장 놀라웠던 것은 생각보다 많은 아이들이 인터넷 도박에 빠져 있다는 것이었어요. 그 이유가 바로 돈을 빨리 많이 벌고 싶기 때문입니다. 그래서 고리대금업처럼 돈을 빌려주고 이자를 명목으로 아이들에게 돈을 뺏는 것이죠. 돈을 주지 않으면 친구를 때리는 일도 서슴지 않고요. 돈 때문에 폭력이 일어나는 경우들이 많았습니다.

損人利己 終是自害

손인리기 종시자해

남에게 손해를 끼치고 자신을 이롭게 하면,

끝내 자신을 해치는 것이다.

《사자소학》에 나오는 구절입니다. 문장이 짧고 쉬우면서도 우리에게 던져주는 메시지는 큽니다. 최근 각종 미디어와 사회적 이슈로 세상 최고의 가치를 '돈'으로 생각하는 학생들이 점점 많아지고 있습니다. 물론 세상을 살아가는 데 경제적 요소도 중요하지요. 하지만 아이들이 어릴 때부터 무방비 상태에서 돈에 대한 어긋난 가치관을 먼저 가지게 되는 것이 문제입니다. '리(利)'는 이익입니다. 나에게 이익이 된다고 해서 남에게 손해를 끼치는 일은 결국 다시 나에게 돌아옵니다. 남에게 도움이 되면서 나에게도 이로운 일을 하는 것이 진짜 나에게 이익이 되는 것이죠. 고전의 문장을 매개로 아이들과 이런 부분에 대해서도 진지하게 고민하고 대화할 수 있는 시간을 만들 수 있습니다.

친구 관계로 자퇴를 고민하는 아이, 부모님의 기대에 못 미칠까 봐 불안한 아이, 자존감이 낮아서 매사에 부정적인 아이, 돈에 대한 잘못된 관념을 가진 아이 등 아이들은 여러 요인으로 고민하고 힘들어합니다. 그런 위기가 올 때 옆에서 조언은 해줄 수 있지만 결국 그 고민에 대한 답을 찾고 위기를 극복하는 것은 아이 스스로입니다.

많은 부모님들이 아이들의 내면과 정서보다는 당장 눈에 보이는 학업과 성적에 관심을 쏟습니다. 잘해오던 아이가 갑자기 갈 길을 헤매고 방황할 때, 그제야 아이의 마음이 병들어가고 있다는 것을 알아채지요. 탄탄한 실력을 쌓는 것만큼이나 단단한 내면을 만드는 것도 중요합니다. 초등학교 때부터 동양 고전을 읽으며 자기의 삶과 연결하고 내면을 들여다보는 연습을 한 아이들은 그런 위기를 스스로 헤쳐갈 힘을 가지고 있습니다. 자기 이해가 높고 외부의 평가와 인정에 휘둘리기보다 나를 중심에 두고 판단할 줄 압니다. 고전은 아이의 중심을 잡아주고 내면을 단단하게 만들어줍니다.

인생이라는 시험에서는 국·영·수 과목을 잘하는 아이보다 '나'라는 과목을 잘하는 아이가 더 성공합니다.

초등학생이 고전을 읽을 수 있을까?

몇 년 전 학교에서 《데미안》을 가지고 사제동행 독서토론을 한 적이 있습니다. 신청한 학생과 교사들이 저녁에 도서관에 모였습니다. 학생들과 선생님이 섞여 4개의 조를 만들고 돌아가면서 정해진 주제에 맞는 토론을 하는 형태였습니다. 맛있는 간식과 함께 토론이라기보단 즐겁게 책에 관한 수다를 떠는 분위기였습니다.

저에게도 어려웠던 책인데 아이들은 생각보다 많은 이야기를 했습니다. 싱클레어, 데미안, 에바 부인 등 등장인물의 관계, 아브락시스의 의미 등 아이들도 저도 내용을 온전히 이해하지는 못해도 읽은 느낌 그 자체를 함께 이야기하며 공유했습니다. 저는 그 시간을 통해 '내가 알던 그 애가 맞나?' 싶을 정도로 아이들의 새로운 모습을 보게 되었습니다.

독서토론이 마무리되어갈 즈음 그 독서토론을 주최한 선생님께서 힘주어 이렇게 말씀하셨습니다.

"일반 책이 인스턴트라면, 《데미안》 같은 고전은 보약이다. 보약이 되는 책을 읽어라."

역사소설을 출간한 작가이기도 한 그 선생님의 한마디에 저도 아이들도 큰 울림을 느꼈습니다. 그날 이후 저는 '고전은 보약이다'라고 생각합니다.

입에는 너무 쓰지만, 몸에는 참 좋은 보약.
읽기는 힘들지만, 마음과 머리에는 참 좋은 고전.

생각보다 고전이 어렵지 않다는 아이들

'동산 고전 읽기 프로젝트'로 유명한 송재환 선생님의 사례를 살펴보겠습니다. 서울의 동산초등학교에서는 지난 10여 년 동안 꾸준히 전교생을 대상으로 고전을 읽는 프로그램을 진행하고 있습니다. 이 프로그램이 유명해지면서 사립초등학교인 그 학교에 입학하기 위해 멀리서도 이사를 올 정도라고 하네요. 전교생을 대상으로 매일 20분 동안 아침 독서 시간에 한 달에 한 권을 정해서 읽는다고 합니다. 읽은 책과 관련하여 고전 인증제, 감상문 대회, 독서록, 필사, 암송 등 다양한 행사를 1년 동안 진행하면서 고전에 대한 아이들의 흥미와 관심을 끌어냅니다.

학년당 정해진 17권의 책 목록을 살펴보니 2학년부터 차례로《사자소학》《명심보감》《소학》《채근담》《논어》가 포함되어 있다는 사실도 놀라웠습니다. 송재환 선생님은《다시, 초등 고전 읽기 혁명》에서 '아이들이 이런 인문·철학 고전을 읽을 수 있을까?' 하는 것은 어른들의 기우에 불과하다고 말합니다. 학교 현장에서 직접 만난 아이들은 어려운 고전도 곧잘 읽어내고 스스로를 자랑스럽게 여긴다고 합니다. 눈에 보이는 달라진 말투와 글, 행동에서 학부모들의 반응 또한 뜨거웠다고 합니다. 효과가 있었기에 꾸준히 실천해 올 수 있었겠지요.

《하루 20분 초등 고전 읽기》의 저자인 이아영 선생님도 사서로 근무한 서천초등학교에서 3학년부터 6학년을 대상으로 고전 읽기 프로그램을 진행했습니다. 주로 읽었던 고전은 3학년《사자소학》《동몽선습》, 4학년《소학》《채근담》, 5학년《명심보감》《목민심서》, 6학년《논어》《격몽요결》 등이었습니다. 학교에서는 이러한 인문 고전 독서가 아이들에게 미치는 영향을 분석하기 위해 독서 능력 측정 검사를 진행했는데요. 검사 결과값을 수준 이하, 평균, 수준 이상 3개 등급으로 나누었을 때, 모든 수준에 속한 아이들의 독서 능력이 향상되었음을 알 수 있었으며, 특히 수준 이하 그룹에 속한 학생들의 독서 능력이 큰 폭으로 나아졌다고 합니다.

객관적 수치뿐 아니라 자유 서술식으로 진행한 설문조사에서도 모든 항목에서 긍정적인 반응을 보였습니다. 아이들은 어른들이 걱정하는 것보다 고전을 부담 없이 자연스럽게 받아들인다는 사실을 확인할 수 있었습니다. 이아영 선생님은 이외에도 현재 근무하는 도서관에서 초등학교 4학년 다섯 가족을 대상으로 《명심보감》을 읽는 동아리를 운영하고 있습니다. 직접 현장에서 부모와 아이가 나눈 대화를 통해 초등학생도 이런 인문·철학 고전을 읽는 것이 가능하다는 것을 더욱 확신하게 되었다고 합니다.

다양한 인문 고전을 읽고 토론하는 것이 교육과정의 전부인 세인트존스대학, 인문 고전 독서 커리큘럼을 통해 삼류대학에서 세계적 대학으로 성장한 시카고대학, 빈민층을 대상으로 한 인문학 교육과정 클레멘트 코스. 이런 거창한 사례도 좋지만, 왠지 먼 이야기처럼 느껴집니다. 하지만 우리 아이와 비슷한 평범한 아이들이 다니는 학교, 동아리에서 이루어진 가까운 이야기를 들으면 우리 아이도 고전을 읽을 수 있겠다는 희망이 생깁니다.

10세가 되면 철학적 사고가 가능하다

발달 심리학에 따르면 아이들은 다음과 같은 과정을 거쳐 인지 능력이 발달한다고 합니다.

표지 기억 → 상상과 추상 → 유추와 추론 → 가치판단 → 비판적 사고만 2세 이전의 아이들은 주로 실제하는 물건을 통해 기억하고 생각합니다. 전에 갔던 곳이나 들었던 음악 등의 표지가 생각의 단서가 됩니다. 그 이후에는 역할 놀이처럼 실제 하지 않아도 상상을 할 수 있는 능력이 생겨납니다. 또한 누군가의 말만으로도 머릿속에 이미지를 그려낼 수 있는 추상적 사고도 가능해지지요.

10세 전후가 되면 비로소 어떤 요소들 사이의 관계를 파악하는 능력이 생깁니다. 이것이 바로 추론적 사고입니다. 책을 읽으면서도 겉으로 드러난 인물의 행동이나 묘사를 통해 드러나지 않는 부분까지도 유추할 수 있지요. 또한 이때부터 자의식의 변화와 함께 타인에 대한 관심도 높아집니다. 도덕적 가치에 대해 고민하기 시작하며 '나는 누구인가?' '올바른 삶이란 무엇인가?'와 같은 철학적 사고도 가능하게 됩니다. 이런 사고가 가능하다면 인문·철학 고전도 거뜬히 읽어낼 수 있습니다. 따라서 10세부터 고전에 도전할 수 있습니다.

《맹자》에는 이런 이야기가 나옵니다.

> 태산을 옆에 끼고 북해를 뛰어넘는 것을 남에게 말하기를, 나는 할 수 없다고 한다면 이것은 정말 할 수 없는 것이다. 하지만 노인을 위하여 나뭇가지를 꺾어주는 것을 남에게 말하기를, 나는 할 수 없다고 한다면 이것은 하지 않는 것이지 할 수 없는 것은 아니다.

맹자는 제선왕이 왕도정치를 충분히 할 수 있는 마음이 있는데도 왕도정치가 실제로 이루어지지 않고 있는 것에 대해 깨달음을 주려고 불능(不能)과 불위(不爲)의 차이에 대해 이야기했습니다.

웬 맹자 이야기냐고요? 저는 초등학생에게 고전 읽기도 '할 수 없는 것'이 아니라 '하지 않는 것'이라고 생각합니다. 어쩌면 아이들은 충분히 준비되어 있는지도 모릅니다. 고전은 아직 아이들에게 어렵다는 어른들의 편견에 단지 접할 기회가 없었을 뿐이지요.

고전은 제목만 알지 쉽게 접근하기 힘든 책입니다. 하지만 오랜 시간을 견뎌온 중요한 책이지요. 읽기는 힘들어도 머리와 마음에는 보약 같은 역할을 합니다. 동산초등학교는 지난 10년이 넘는 시간 동안 전교생을 대상으로 고전 읽기 프로젝트를 진행했습니다. 아이들은 《사자소학》《명심보감》《논어》 등과 같은 인문·철학책도 거뜬히 읽어냈지요. 비단 동산초의 이야기만은 아닙니다. 널리 알려지지 않았지만 여러 초등학교에서 아이들은 고전을 읽고 있습니다. 10세 전후로 아이들은 추론과 철학적 사고가 가능해질 만큼 인지능력이 발달합니다. 어른들의 우려와 달리 막상 읽어보니 고전에 대한 거부감보다는 재밌다는 긍정적인 반응을 보입니다. 《맹자》의 제선왕처럼 초등학생에게 고전 읽기도 불능이 아닌 불위입니다. 할 수 있다는 믿음과 알맞은 방법이 있다면 충분히 할 수 있습니다.

문학, 역사, 철학 3종 세트

"지금까지 이런 맛은 없었다. 이것은 갈비인가, 통닭인가."

몇 년 전 흥행했던 영화의 유명한 대사이지요. 웬 뜬금없이 영화 대사냐고요? 저도 한문 수업을 하다가 가끔 이렇게 느낍니다.

지금까지 이런 수업은 없었다. 이것은 국어 수업인가, 역사 수업인가, 윤리 수업인가.

정지상의 '송인(送人)'을 주제로 한시에 대해 설명할 때는 꼭 문학 수업 같습니다. 첨성대에 대한 기록을 해석하며 신라시대 이야기를 할 때는 꼭 역사 수업 같죠. 공자나 맹자의 사상에 대해 설명할 때는 꼭 윤리 수업 같습니다. 이것이 바로 한문 수업의 매력이 아닐까 합니다. 문학, 역사, 철학 3종 세트. 우리는 흔히 이것을 문(文), 사(史), 철(哲)이라고 부릅니다. 한자로 된 고전은 이 모든 것을 담고 있습니다.

뇌과학자로 유명한 카이스트 정재승 교수는 인문학적 탐구에 대해 강조합니다. 그는 청소년을 대상으로 한 강의에서 "AI시대를 이끌어가려면 문과·이과 개념이 없어야 한다. 수학적 사고를 할 줄 아는 동시에 인간에 대한 탐구도 끊임없이 해야 한다"고 말했습니다. 4차 산업혁명 시대의 새로운 과학기술도 결국 인간을 위한 것이죠. 인간에 대한 관심과 공부가 더욱 필요한 시대입니다. 그것이 바로 인문학입니다.

인문학(人文學)을 사전에서 찾아보면 "인간과 인간의 문화에 관심을 갖는 학문"이라고 정의합니다. 그 어원을 따져보면 라틴어의 후마니타스(humanitas)를 《주역》에 나오는 인문(人文)으로 번역한 것입니다. 《주역》에서는 천문(天文), 하늘의 무늬와 대비되는 뜻에서 인문(人文), 인간이 가진 무늬라는 의미로 쓰였습니다. 문(文)은 본래 '무늬, 결'을 뜻하는 글자였습니다. 그렇다면 인간이 가진 무늬는 무엇일까요? 바로 인간의 감정, 행동, 생각입니다. 그리고 인간의 감정은 문학으로, 행동은 역사로, 생각은 철학으로 표현되지요. 인문 고전은 바로 문·사·철을 담고 있는 보고입니다.

인문 고전을 읽는 한문 수업

저는 한문 수업 시간에 아이들과 함께 인문 고전을 읽습니다. '서울대 선정 인문 고전 100선' 중 동양 고전 10종을 골라 한 달 정도 진행합니다. 그 목록은 다음과 같습니다.

《논어》《맹자》《한비자》《의산문답》《사기열전》

《북학의》《목민심서》《삼국유사》《징비록》《조선상고사》

제목만 들어도 머리가 아파지는 고전이지만 친구들과 함께 읽어 나갑니다. 수업의 주제는 '인문 고전 맛보기'입니다. 수업 시간에 책 한 권을 완독할 수는 없지만 아이들이 인문 고전을 접하고 가까워지기를 바라는 것이 저의 목적입니다. 원하는 부분을 발췌하여 읽고 모르는 어휘, 인상 깊은 구절, 질문 만들기, 추천사 쓰기 등의 다양한 활동을 하고 나면 아이들의 표정은 한결 편안해집니다. 마지막 시간에는 모둠별로 발표하는데 아이들이 인문 고전에 대해 이렇게 할 이야기가 많은지 놀라곤 합니다.

"공자가 사랑을 강조했다니 인간적으로 다가와요. 마구간에 불이 났는데 사람이 다쳤는지 묻고는 말에 대해서는 묻지 않았다는 구절이 인상적이었어요."

"삼국유사에 이렇게 재미있는 설화가 많았다니 새롭게 알게 되었어요. 왜 삼국유사의 사가 사(史)가 아니라 사(事)인지 알 거 같아요."

"신채호가 《조선사》를 다 쓰지 못하고 감옥에서 억울하게 죽어 《조선상고사》가 되었다니 너무 안타까워요. 죽지 않고 조선사를 다 완성했다면 어떤 내용이 담겼을까요?"

사람은 인지 기억보다 감정 기억이 더 오래간다고 합니다. 어떤 책을 읽고 난 후 시간이 지나 그 책을 떠올렸을 때 줄거리보다 감정이 더 또렷이 기억나는 것이죠. 인문 고전을 읽은 아이들도 아마 그럴 겁니다. 이 수업이 아이들에게 인문 고전의 모든 것을 알려줄 수는 없겠지만 마음에 불씨를 당길 수 있는 수업이 되었으면 합니다.

초등 교과서 속 인문 고전

초등학교 6학년 국어 교과서에는 정약용이 유배지에서 두 아들에게 보내는 편지글이 나옵니다. 정약용은 학연과 학유, 두 아들과 많은 편지를 주고받았습니다. 두 아들에게 보내는 정약용의 편지는 오늘날까지도 많은 사람들에게 감동을 줍니다. 아마도 멀리 유배지에 있으면서도 자식에게 가르침을 주고자 하는 아버지의 마음이 담겨 있기 때문이겠지요. 정약용의 편지글은 한문 교과서에도 원문으로 실려 있습니다.

一字曰勤, 又一字曰儉.

일자왈근, 우일자왈검.

此二字, 勝如良田美土, 一生需用不盡.

차이자, 승여양전미토, 일생수용부진.

너희들에게 두 글자를 유산으로 남기니 한 글자는 근이요, 한 글자는 검이다. 좋은 밭이나 기름진 땅보다 나은 것이니 일생 동안 써도 다 쓰지 못할 것이다.

교과서 속 저 문장을 수업할 때면 부지런할 근(勤), 검소할 검(儉)의 의미에 대해 이야기합니다. 그리고 "과연 진정한 금수저는 무엇일까?"라는 질문을 던집니다. 아이들에게 익숙한 수저계급론입니다.

"요즘은 부모가 자식에게 물려줄 돈이 많은가로 금수저와 흙수저를 나눕니다. 그런데 부모가 자식에게 물려줄 것이 돈뿐일까요? 거기에 정신적 가치는 없을까요? 정약용의 아들들은 흙수저였을까요?"

아이들은 평소에 '왜 우리 부모님은 남들보다 부자이지 않을까'를 탓하다가 정약용의 글을 읽으며 잠시나마 자신이 부모로부터 받은 정신적 유산들에 대해 생각해볼지도 모릅니다.

초등학교 6학년 교과서에 실린 또 다른 글을 살펴보겠습니다. 제목이 '기와 조각과 똥 덩어리'입니다. 박지원의 《열하일기》 중 한 부분입니다.

깨진 기와 조각은 천하에 쓸모없는 물건이다. 그러나 백성들의 집에 담을 쌓을 때 깨진 기와 조각을 둘씩 짝을 지어 물결무늬를 만들기도 하고, 혹은 네 조각을 모아 쇠사슬 모양이나 엽전 모양을 만들지 않느냐?

깨진 기와 조각도 알뜰하게 사용했기에 천하의 고운 빛깔을 다 낼 수 있었다. …(중략)… 그러니 나는 저 깨진 기와 조각과 똥 덩어리야말로 가장 볼만한 것이라 꼽을 것이다. 높디높은 성곽이나 궁실, 웅장한 사찰과 광활한 벌판보다 이것들이 더 아름답다고 하지 않겠느냐.

저는 2학기에는 수업 시간에 아이들과 《열하일기》를 발췌하여 읽습니다. 이 책도 제목이 주는 위압감에 쉽게 접근할 수 없지만 읽다 보면 자신도 모르게 박지원의 마음으로 여행을 따라가게 됩니다. 초등학교 교과서에도 실릴 정도이니 일부 내용은 충분히 음미하며 읽을 수 있습니다. '쓸모없음의 쓸모 있음.' 여행지에서 남들이 다 훌륭하다는 궁궐이나 성곽을 본 것이 아니라 아무도 주목하지 않는 것에서 가치를 찾아내는 박지원의 안목에 감탄합니다. 그리고 그런 통찰이 꼭 물건에 국한된 것이 아니라 우리를 성찰하게도 만듭니다. '나는 쓸모 있는 사람인가? 그 쓸모가 남들에 의해 정해지기보다 스스로 그 쓰임새를 찾아야 하는 것은 아닐까?' 하고 말이지요.

한자를 알면 인문 고전도 쉬워진다

아이들은 수백 년 전의 옛글들을 읽었지만, 지금의 나와 세상과 연결해보며 생각하는 힘을 키워나갑니다. 혹자는 우리나라에 들어

온 미국의 교육과정이 리더를 양성하는 사립학교의 교육과정이 아닌 공장의 부품 같은 사람을 양성하기 위한 공립학교 교육과정이라고 합니다. 미국의 사립학교 교육과정 중심에는 인문 고전 독서가 있습니다. 《월든》을 쓴 헨리 데이비드 소로는 고전에 대해서 "인간의 사상 중에 가장 고귀한 내용을 기록한 것"이라고 했습니다. 우리나라에서도 더 많은 수업에서 인문 고전을 읽어야 하는 이유입니다.

한자는 문·사·철을 모두 담고 있습니다. 어려운 인문 고전, 특히 동양 고전들은 대부분 한자로 쓰였습니다. 한자는 인문 고전을 자연스럽게 접하게 해줍니다. 한자 너머 그 주옥같은 텍스트들을 읽고 음미할 수 있게 해주죠. 사랑을 강조한 공자, 올바른 역사를 되찾으려 노력한 신채호, 멀리서도 자식에게 가르침을 전한 정약용, 여행을 하면서도 발상의 전환을 꾀한 박지원을 어디에서 만날 수 있을까요? 바로 한자로 된 고전에서 만날 수 있습니다.

한자, 고전을 읽게 하는 힘

저는 예전에 수영 강습을 참 열심히 다녔습니다. 처음에는 물에 뜨지도 못했는데 시간이 지날수록 실력이 느는 게 느껴지고 물에서 유영하는 그 느낌이 참 좋았습니다. 수영 강습을 열심히 다닌 또 다른 이유는 바로 '오리발'이었습니다. 자유형과 배영만 겨우 배우던 초급반 시절, 상급반 회원들이 들고 다니는 오리발은 선망의 대상이었습니다.

'아, 나도 꾸준히 다니면서 저 오리발을 꼭 사고 말 거야. 상급반이 되어야지.'

드디어 상급반이 되어 오리발을 구매하던 날 참 기뻤습니다. 오리발이 제가 수영을 오래 배울 수 있도록 한 일종의 동기가 된 셈이죠.

이런 비슷한 경험은 초등학교 때도 있었습니다. 6학년까지 꾸준히 다닌 유일한 학원이 한문학원이었어요. 그 이유가 바로 '노란 책' 때문이었습니다. 학원에 오래 다닌 듯한 6학년 언니, 오빠들이 공부하는 책이었어요.

'저게 뭐지? 나도 학원을 꾸준히 다녀서 저 책을 꼭 공부하고 말 거야.'

그 노란 책이 바로 《명심보감》이었습니다. 저는 결국 《명심보감》까지 공부하고 초등학교를 졸업했습니다. 그 노란 책이 제가 한자 공부를 꾸준히 할 수 있게 된 동기가 된 셈입니다.

혹시 넛지(nudge)라는 용어를 들어보셨나요? 이 용어는 리처드 탈러와 캐스 선스타인이 쓴 《넛지》라는 책을 통해 우리나라에 소개되면서 유명해진 개념이죠. 넛지는 원래 '팔꿈치로 쿡쿡 찌르다'라는 뜻으로 행동경제학 분야의 개념입니다. 직접적인 홍보가 아닌 슬쩍 쿡 찌르듯이 자연스럽게 개입하여 소비자들의 선택을 유도하는 것을 말합니다. 그래서 《넛지》라는 책의 부제도 '똑똑한 선택을 이끄는 힘'입니다. 저에게는 오리발과 노란 책이 넛지가 되었습니다. 아이들이 고전을 읽을 때 바로 이런 넛지가 필요합니다. 바람직한 행동을 할 수 있도록 부드럽게 이끄는 동기와 계기가 필요합니다. 한자는 바로 고전을 읽게 하는 힘이자 넛지입니다.

한자를 알면 동양 고전이 읽고 싶어진다

동양 고전은 원문 자체가 한자로 쓰여 있습니다. 한자를 전혀 모르는 상태에서 동양 고전을 읽는 것은 깜깜한 밤에 길을 걷는 것과 같습니다. 인(仁), 의(義)처럼 따로 번역하지 않고 한자 그 자체로 풀이하는 경우도 많지요. 고전을 읽을 때 한자를 조금이라도 안다는 것은 깜깜한 길을 걸을 때 밝은 빛이 비치는 것과 같습니다. 그 빛에 의지하면서 목적지까지 쉽게 도달할 수 있지요.

저는 어릴 때 한자 공부를 한 뒤로 부모님과 문화유산을 보러 가면 자꾸 한자로 쓰여 있는 비석이나 현판 등을 읽고 싶었습니다.

"우와, 너 이런 것도 읽을 수 있어? 대단하다."

이런 칭찬에 저도 모르게 어깨가 으쓱해졌죠. 가족들과 안동으로 여행을 갔을 때였습니다. 병산서원에 방문했는데 사실 중학생인 저와 오빠에게는 그저 오래된 건물이었습니다. 그런데 현판에 적힌 한자들이 궁금해 읽어보았습니다.

'복례문(復禮門), 입교당(立教堂). 이거 어디서 들어본 말 같은데?'

곰곰이 생각해보니 복례문의 '복례'는 《논어》에 나오는 '극기복례'에서 따온 것이고 입교당은 《소학》의 첫 번째 편명인 '입교'에서 따온 것이었습니다. 그것을 알고 다시 병산서원을 둘러보니 달리 보였습니다. 고전에서 읽은 내용들을 실생활에서 발견하는 기쁨을 느꼈습니다. 20년도 더 지난 일인데 아직도 병산서원에서의 추억이 생생합니다. 한자를 알고 고전을 읽는다는 것이 얼마나 큰 힘인가를 몸소 알게 되었지요.

한자를 공부하면 자꾸 한자로 적힌 글들이 읽고 싶어집니다. 내가 알고 있는 지식을 알은 체하고 싶지요. 《사자소학》《명심보감》《논어》와 같은 동양 고전들이 다른 아이들에게는 어렵겠지만 한자를 공부한 아이에게는 호기심의 대상입니다. 내가 아는 한자가 문장에서는 어떻게 쓰이는지 알고 싶어집니다. 도전하고 싶은 욕구가 생깁니다.

한자를 알면 고전 문학도 쉬워진다

고전의 범위와 기준은 사람마다 다르고 매우 다양합니다. 보통 초등학생이 고전을 읽는다고 할 때 고전은 크게 문학 고전과 인문·철학 고전으로 나눌 수 있습니다.

독서 교육과 관련한 많은 책에서 고전 읽기는 문학부터 시작하라

고전의 분류

문학 고전		인문·철학 고전	
한국 고전문학	세계 고전문학	동양 고전	서양 고전
《구운몽》 《춘향전》 《소나기》	《갈매기의 꿈》 《어린 왕자》 《제인 에어》	《소학》《논어》 《명심보감》 《목민심서》	《플라톤의 대화편》 《소크라테스의 변론》 《국부론》

고 합니다. 문학 고전도 어렵지만 기승전결이 있는 이야기이기 때문에 상대적으로 아이들이 부담을 덜 느낍니다. 다양한 성격의 인물들이 등장하고 갈등을 겪고, 문제를 해결해가는 스토리를 통해 아이들은 감수성을 키워갑니다. 대작가들이 몇 날 며칠을 고심하여 쓴 단어와 문장에 자신도 모르게 계속 노출되면서 어휘력도 풍부하게 되지요.

원래 가달산 산중에 수천 명 적당 중에 한 괴수가 있으니, 성은 엄이요 명은 준이라. 용맹이 절륜하고 무예 출중하더라.
이때 우치 공중에서 두루 살피더니, 엄준이 어연히 홍일산을 받고 천리백총마(千里白驄馬)를 타고 채의홍상(彩衣紅裳)한 시녀를 좌우에 벌이고 종자 백여 인을 거느리고 바야흐로 사냥을 하거늘, 우치 자세히 살펴보니 기골이 장대하고 신장이 팔 척이요 낯빛이 붉고 눈이 방울 같으며 수염은 바늘을 묶어 세운 듯하니 곧 일대 걸물이러라. 엄준이 추종들을 거느리고 이 골 저 골로 한바탕 사냥하다가 분부하되, "오늘은 각처에 갔던 장수들이 다 올 것이니 마땅히 소 열 필만 잡고 잔치하리라." 하는 소리 쇠북을 울림 같더라.
이때 우치 일계를 생각하고 나뭇잎을 훑어 신병을 만들어 창검을 들리고 기치를 벌여 진을 이루고, 머리에 쌍봉투구를 쓰고 몸에 황금 갑옷에 황색 비단 전포를 겹쳐 입고 천리오추마(千里烏騅馬)를 타고 손에 청사양인도(靑蛇兩刃刀)를 들고 짓쳐 들어가니, 성문을 굳게 닫았거늘 우치 문 열리는 진언을 염하니 문이 절로 열리는지라. 들어가며 좌우를 살펴보니 장려한 집이 두루 펼쳐졌고 사방 창고에 미곡이 가득하며 차차 전진하여 한 곳에 이르니, 전각이 굉장하여 주란화동이 반공에 솟았거늘, 우치 이윽히 보다가 몸을 변하여 솔개 되어 날아 들어가 보니, 으뜸 도적이 황금 교자에 높이 앉고 좌우에 제장을 차례로 앉히고 크게 잔치하며 그 뒤에 대청이 있으니 미녀 수백 인이 열좌하여 상을 받았거늘, 우치 하는 양을 보려 하고 진언을 염하니…

2016년 수능 6월 모의평가 국어영역에 출제된《전우치전》지문 중 일부입니다.《전우치전》은 현재 초등학교 교과서에도 수록된 작품입니다. 천리백총마, 채의홍상, 천리오추마, 청사양인도 등 한자가 병기된 어휘뿐 아니라 괴수, 절륜, 장려, 열좌 등 어려운 한자어들이 많습니다. 특히 우리나라 고전 작품들은 한자어나 고어가 많습니다. 수능 국어영역의 고전 문학 파트는 여기에서 이야기하는 고전(古典)과는 다른, 예로부터 전해져 내려온다는 고전(古傳)의 의미이지만 많은 작품들이 겹칩니다. 한자를 잘 알지 못하면 흐름이 끊기고 내용을 깊이 이해하기 힘듭니다. 한자에 익숙한 친구들이 상대적으로 더 잘 읽어나가겠지요.

불가지론(不可知論), 형이상학(形而上學), 생득(生得)관념, 공리(公利)주의, 선험적(先驗的) 등은 서양 철학에 자주 등장하는 용어들입니다. 우리가 읽는 서양 철학 고전은 번역서입니다. 서양 철학 용어는 일본의 메이지 시대에 한자로 번역되어 동양에 소개되었습니다. 많은 개념들이 한자어일 수밖에 없습니다. 한자에 익숙한 아이라면 '선험적'이라는 낯선 어휘를 보더라도 '먼저 선(先)'이라는 한자를 떠올리며 '경험 이전의 것'이라는 단어의 뜻을 유추할 수 있습니다. 한자를 공부한 아이들에게는 서양 철학 용어도 쉽게 느껴집니다.

아이들에게 고전을 읽자고 하면 처음에는 어려워하며 도망칩니다. 부모님들도 자녀들의 그런 반응에 금방 포기하고 말지요. 그럴 때는 부드럽게 넌지시 이끄는 힘이 필요합니다. 그 힘이 바로 한자입니다. 책을 펼치며 '어? 나 이 한자 아는데' 하며 왠지 친숙하게 느껴지고 호기심이 생깁니다. 처음에는 재미있는 이야기가 담겨 있는 문학 고전으로 시작해보세요. 한자를 통해 어려운 고전 작품들의 새로운 어휘들을 익혀나가며 자신감을 갖게 됩니다. 그 이후 인문·철학 고전에 도전해보는 겁니다. 한자에 대한 흥미와 지식은 곧 한자로 된 고전에 대한 흥미로 이어집니다. 더 깊이 있게 의미를 이해하며 고전을 읽을 수 있게 됩니다.

한자를 공부하면 고전이 자꾸 읽고 싶어집니다.

5장

초등 고전 읽기 3단계

단계별 추천 고전

앞 장에서 초등학생도 고전을 읽을 수 있고 고전을 읽는 것이 중요하다는 것에 충분히 공감하셨을 겁니다. '고전 읽기가 참 좋다는 건 알겠는데 어떤 책을 어떻게 읽어야 할까?' 고민이 되실 거예요. 그래서 여기서는 구체적인 책을 추천드리려고 합니다. 저는 아이들에게 꼭 동양 고전을 읽어보라고 추천합니다. 왜 동양 고전일까요? 첫째 분량이 짧고 끊어 읽기와 반복 읽기에 좋습니다. 둘째 꼭 필요한 생활 규범과 덕목들이 담겨 있습니다. 셋째 자신만의 생각을 갖게 하는 명구(名句)들이 많습니다.

세계 명작 같은 이야기책은 그래도 아이들이 찾아 읽습니다. 아이들은 서양 철학보다 오히려 동양 철학 고전을 어려워합니다. 아마도 일단 한자는 어렵다는 선입견 때문이겠죠. 하지만 막상 책을 펼쳐보면 대부분의 동양 고전들은 짧은 구절들로 이루어져 있습니다. 분량이 짧고 끊어 읽기와 반복 읽기에 좋습니다. 처음부터 끝까지 차례대로 읽지 않아도 됩니다. 읽고 싶은 부분을 펼쳐서 읽어도 좋습니다. 아직 긴 호흡의 글을 읽을 집중력과 이해력이 부족한 아이들도 충분히 도전해볼 만합니다. 특히 동양 고전은 유교의 기본 덕목에 관련된 내용들이 많습니다. 아이들은 일부러 버릇없게 행동하는 것이 아니라 예절에 대해 잘 몰라서 하는 행동일 때가 많아요. 동양 고전은 아이들에게 효, 예, 신, 의 등 꼭 필요한 생활 규범과 덕목들에 대해 자연스럽게 알려줍니다. 이러한 내용들은 아이들에게 평소의 행동을 성찰하게 하고 자신만의 생각을 갖게 합니다.

그럼 어떤 동양 고전을 읽어야 할까요?

저는《사자소학》《명심보감》《논어》이 3권을 추천드립니다. 초등 시기에《사자소학》《명심보감》《논어》이 3권은 필수입니다. 그 이외에 초등 시기에 읽을 만한《소학》《채근담》《격몽요결》등 다양한 동양 고전들이 있지만 나머지는 선택이라고 생각하시면 됩니다.

그런데《사자소학》《명심보감》《논어》를 검색해보면 시중에 수준별, 출판사별로 정말 다양한 책이 존재합니다. 이 중에서 어떤 책을 골라야 할까? 학부모들은 혼란스럽습니다. 저는 같은《사자소학》이라 하더라도 단계별로 책을 나누고 그중에서 우리 아이 수준에 맞는 책을 먼저 읽는 것을 추천드립니다.

고전 읽기에도 단계가 필요하다

고전은 아이에게 이전에 한 번도 먹어본 적 없는 새로운 음식과 같아요. 어쩐지 거부감이 듭니다. 그럴 때는 다음과 같은 단계를 거치며 익숙하게 만드는 것이 좋습니다.

맛보기 단계 → 꼭꼭 씹어 먹는 단계 → 소화시키는 단계

① 1단계: 고전 맛보기

흔히 고전은 원전으로 읽어야 한다고 합니다. 어린이용이나 학습만화, 작가가 의도를 가지고 편집하거나 해설해놓은 책이 아닌 원전에 가까운 책을 읽으라고요. 하지만 이게 참 어렵습니다. 이건 마치 고기가 싫은 아이에게 어른이 먹는 고기 크기 그대로 먹으라고 하는 것과 같아요. 처음에는 강요에 의해 억지로 먹겠지만 곧 뱉어내거나 다음부터는 절대 먹지 않을 거예요.

어린이용이나 학습만화로 된 고전'만' 읽는 것은 문제가 되지만 어린이용이나 학습만화로 된 고전'을' 읽는 것은 괜찮습니다. 원전을 읽어가는 하나의 초석이 될 수 있어요. 그래서 맛보기 단계에서는 아이가 흥미를 보일 만한 그림과 이야깃거리가 풍부한 어린이용 책이나 학습만화로 접근하세요. 저자는 누구인지, 어떤 내용의 책인지 배경지식을 쌓아가는 단계라고 생각하세요. 그런데 여기서

'고전을 다 읽었다'고 생각해 그만두면 안 됩니다. 다음 단계로 차근차근 나가야 합니다.

② 2단계: 고전 꼭꼭 씹어 먹기

꼭꼭 씹어 먹는 단계에서는 비로소 원전에 가까운 책을 읽습니다. 이때는 되도록 한자가 노출되고 한자의 음이 달린 책이 좋아요. 해석을 위주로 읽더라도 알게 모르게 한자를 보게 됩니다. 아예 한자 없이 해석만 있는 책보다 얻는 것이 많습니다. 한자와 함께 쉽게 구성된 책을 활용하면 아이들도 거부감이 적습니다. 특히 마음에 드는 구절을 만났을 때 해석과 함께 한자로 된 구절을 익혀둘 수 있어요. 한자의 음을 통해 쭉 한 번 읊어보는 것이지요. 예를 들면 '내가 하고 싶지 않은 것을 남에게 시키지 말라'라는 구절을 그냥 해석만 봤을 때와 '기소불욕(己所不欲), 물시어인(勿施於人)' 이렇게 한자로 된 구절을 음으로 한번 쭉 읽을 때, 다가오는 감정이 다릅니다. 8글자를 읊조리면서 머릿속에 각인되는 것이죠. 이때 한자를 조금이라도 안다면 한 글자, 한 구절 더 깊이 있게 의미를 이해할 수 있습니다.

③ 3단계: 고전 소화시키기

마지막 단계는 소화시키는 단계입니다. 먹은 음식의 영양분을 몸속으로 골고루 보내는 것처럼요. 동양 고전의 묘미는 그저 해석을 읽어보고 내용을 아는 것이 아니라 자신과 연결하고 자신만의 생각을 가지는 데 있습니다. 전문가들이 고전을 먼저 읽고 여러 사례들과 함께 풀어놓은 해설서들을 이때 읽어보는 겁니다. 다른 전문가들의 해설을 먼저 읽어보는 것은 자신만의 생각을 찾아가는 연습입니다. 하지만 사실 이 단계는 제대로 하려면 어른들도 힘든 단계예요. 초등학생에게는 구절을 읽고 간단하게나마 자신의 느낌이나 생각을 덧붙이는 정도면 충분합니다.

이런 체계적인 고전 읽기 단계는 아이가 중·고등학교에 진학해서도, 성인이 되어서도 고전을 즐겨 읽는 숙련된 독서가가 되는 큰 로드맵입니다. 단계별로 참고해볼 수 있는 추천도서 목록은 이 글의 맨 마지막에 수록해두었습니다.

《사자소학》《명심보감》《논어》를 읽어라

자, 그럼 구체적으로 하나씩 책을 살펴볼게요. 첫 번째, 《사자소학(四字小學)》입니다. 《사자소학》은 3~4학년 아이들이 읽기에 적절합니다. 동양 고전 중 가장 먼저 시도해볼 수 있는 책이죠. 《사자소학》은 말 그대로 4글자로 된 소학입니다. 《소학》뿐 아니라 《논어》 등의 유교 경전에서 아이들에게 도움이 될 만한 내용들을 뽑아 사자일구(四字一句)의 형태로 구성한 것입니다. 사자일구의 형태이기 때문에 낭독하기도 좋아요. 사람이 지켜야 할 기본적인 도덕 윤리와 생활 규범들이 생활 속에서 실천할 수 있도록 구체적으로 나와 있기 때문에 아이들도 이해하기 쉽습니다. 지역이나 가문에 따라 여러 판본이 전해지기 때문에 저자는 따로 확실하게 알려지지 않았어요.

두 번째는 《명심보감(明心寶鑑)》입니다. 《명심보감》은 밝을 명(明), 마음 심(心), 보배 보(寶), 거울 감(鑑)으로 '마음을 밝히는 보배로운 거울'이란 뜻입니다. 고려말 이후 가장 널리 읽힌 아동들의 기본 학습서입니다. 《사자소학》처럼 여러 유교 경전에서 도움이 될 만한 내용을 뽑아 편찬한 책이에요. 다만 《사자소학》보다 문장이 길고 추상적인 개념들도 많이 포함되어 있습니다. 《사자소학》을 읽은 후 4, 5학년 아이들이 읽기에 적합합니다. 편찬자는 고려시대 인물인 '추적' 또는 중국 명나라의 '범입본'으로 보는 견해들이 있습니다. 《사자소학》처럼 여러 판본이 전해지고 있어요.

마지막으로 《논어(論語)》입니다. 사실 《사자소학》과 《명심보감》도 그 자체로 좋은 책이지만 《논어》를 읽기 위한 준비 과정이라고 할 수 있습니다. 《사자소학》과 《명심보감》을 읽은 5, 6학년이라면 충분히 《논어》에도 도전해볼 수 있어요. 《논어》는 논할 론(論), 말씀 어(語), '논하는 말'입니다. 공자와 제자들이 나눈 어떤 주제에 대해 논한 대화를 기록한 책이에요. '서양 철학은 플라톤의 각주다'라는 말이 있는데요. 그 말을 빌리면 '동양 철학은 공자의 각주다'라고 할 만큼 동양 고전의 진수이지요. 《논어》 관련 서적이 이미 3000여 권이 출간되었고 현재도 베스트셀러에 자주 오르는 것을 보면 오랜 시간에 걸쳐 가장 널리 읽히고 있는 동양 고전이라 할 수 있습니다.

고전은 아이들에게 낯설고 새로운 음식입니다. 처음에는 가볍게 맛만 보게 해주세요. 이야깃거리와 그림이 있는 쉬운 책으로 흥미를 끕니다. 그다음 해석을 읽고 한자 음을 읊으면서 고전의 내용들을 꼭꼭 씹어 먹는 단계로 나아가세요. 마지막은 고전의 내용들을 통해 자신의 태도와 생활을 성찰하며 나만의 것으로 만드는, 소화시키는 단계입니다. 다음 페이지의 단계별 추천도서를 참고하여 아이와 즐거운 고전 읽기를 실천해보시기 바랍니다.

<단계별 동양 고전 추천도서>

사자소학		
1단계		**읽으면서 바로 써먹는 어린이 사자소학** 《사자소학》 95개의 구절을 한자와 뜻 음 해석과 함께 제시하고 있어요. 생활 속에서 구절의 의미가 어떻게 활용될 수 있는지 재미있는 만화로 구성해 쉽고 재미있게 읽을 수 있어요.
		**사자소학 천재가 되다** 하루 한 구절씩 50일 동안 공부할 수 있도록 구성되어 있어요. 재미있는 만화와 함께 뒷장에는 한자와 해석을 따라 쓸 수 있는 칸이 있고 간단한 퀴즈를 제공해요.
2단계		**어린이 사자소학** 큰 글씨로 《사자소학》 구절의 한자와 뜻 음 해석이 있고, 하단에 보충 설명을 따로 제시하여 아이들의 이해를 도왔어요. 재미있는 읽기 자료 또는 구절과 관련된 이야기들이 함께 있어 아이들이 부담 없이 읽을 수 있어요.
		**처음 만나는 사자소학** 《사자소학》 구절의 한자와 뜻 음이 큰 글씨로 적혀 있어요. 해석을 '바로 뜻'과 '깊은 뜻'으로 나눠 제시해 아이들의 이해를 도왔어요. 읽기 자료 및 구절과 관련된 예화들을 함께 수록해 배경지식도 풍부하게 쌓도록 했어요.
3단계		**인성 쑥쑥 한자 쑥쑥 초등 사자소학** 가족 캐릭터를 등장시켜 생활 속에서 《사자소학》의 구절들을 활용하는 만화를 담았어요. 뒷장에는 한자와 해석을 따라 쓸 수 있는 칸이 있고 '다 같이 생각하고 실천해요'라는 생각 쓰기 칸이 있는 점이 특징이에요.
		**날마다 사자소학** 학습과 만화가 결합된 형태예요. 왼쪽 면에서는 구절의 의미를 만화로 설명하고, 오른쪽 면에서는 한자와 해석을 따라 쓰도록 했어요. 관련 속담도 익힐 수 있도록 함께 제시한 점이 특징이에요.

명심보감		
1단계		**빵빵한 어린이 명심보감** 《명심보감》 구절의 풀이가 먼저 제시되어 있어요. 구절의 한자나 뜻 음이 따로 제시되어 있지는 않아요. 생활 속 어떤 상황에서 구절의 의미가 활용될 수 있을지 재미있는 만화로 구성했어요.
		**읽으면서 바로 써먹는 어린이 명심보감** 1권과 2권으로 나뉘어 있어요. 1권은 구절 풀이와 만화 중심이라서 쉽고, 2권은 구절의 한자와 뜻 음이 함께 제시되어 있어 한자와 더불어 읽을 수 있어요.
2단계		**처음 만나는 명심보감** 먼저 《명심보감》 구절의 한자와 뜻 음을 큰 글씨로 제시했어요. 해석을 '바로 뜻'과 '깊은 뜻'으로 나눠 아이들의 이해를 도왔어요. 구절과 관련된 동화가 수록되어 있어 재미있게 읽을 수 있어요.
		**어린이 명심보감** 이야기 중심으로 구성되어 있어요. 역사 관련 읽기 자료나 예화가 소개되어 있고 중간중간 의미가 통하는 《명심보감》 구절을 제시했어요. 내용과 함께 삽화가 잘 어우러져 어렵지 않게 읽을 수 있어요.
3단계		**어휘 쑥쑥 논리 쑥쑥 초등 명심보감** 첫 장에는 《명심보감》 구절들을 활용할 수 있는 생활 속 장면들을 만화로 담았어요. 뒷장에는 한자와 해석을 따라 쓸 수 있는 칸이 있고, '다 같이 생각하고 실천해요'라는 생각 쓰기가 있는 점이 특징이에요.
	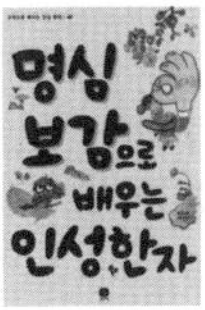	**명심보감으로 배우는 인성 한자** 《명심보감》 구절을 한자와 함께 자세하게 풀이했어요. 의미가 통하는 여러 구절을 함께 익힐 수 있도록 구성했어요. 한자어와 관련한 재미있는 이야기도 수록되어 있어 한자 어휘까지 확장해 공부할 수 있어요.

논어		
1단계		**공자 아저씨네 빵 가게** 공자 아저씨가 빵 가게 사장님으로 나와, 주인공 아이의 고민을 듣고 상담해주는 이야기입니다. 《논어》 구절이 이야기와 잘 어우러져 재미있게 읽을 수 있어요.
		**열 살, 논어를 만나다** 《논어》를 주제로 한 일종의 창작 동화입니다. 주인공이 《논어》 속 구절들을 배우며 성장하는 이야기를 담았어요. 생활 속 이야기에 《논어》 내용이 녹아 들어가 있어 부담 없이 읽을 수 있어요.
2단계		**처음 만나는 논어** 아이들에게 도움이 될 만한 《논어》 구절을 발췌하여 한자와 뜻음을 큰 글씨로 제시했어요. 구절의 의미를 가정이나 학교에서 겪을 수 있는 예화들로 설명해 아이들이 《논어》를 쉽게 이해할 수 있어요.
		**NEW 서울대 선정 인문 고전 60선 : 논어 편** 《논어》의 내용을 순서대로 만화로 표현했어요. 만화라서 아이들이 쉽게 접근할 수 있고 내용도 풍부하게 실어 《논어》에 대해 자세하게 알 수 있어요. 중요 개념은 한자로도 설명되어 있어요.
3단계		**논어 명문장 따라 쓰기** 초등학생을 위해 《논어》 속 70개의 문장을 발췌했어요. 해석과 한자를 따라 쓸 수 있는 칸이 있어요. 구절에 대한 자세한 풀이와 함께 관련 한자 어휘 풀이가 있어 어휘 공부도 할 수 있어요.
		**기적의 명문장 따라 쓰기** 《논어》 문장을 하루 한 문장씩 50일간 따라 쓸 수 있도록 구성되어 있어요. '생각 다지기, 생각 넓히기'처럼 《논어》 구절을 자세하게 풀어놓아 아이들의 이해를 도왔어요.

아이의 일상이 달라지는 《사자소학》 읽기

예전에는 아빠가 퇴근해 오시면 가족들이 모두 나와 현관에서 맞이했습니다. 그런데 요즘은 그런 모습이 조금씩 사라지고 있지요. 부모님이 집에 돌아와도 인사는커녕 아이들은 각자 할 일을 하고 있고 얼굴도 보기 힘들 때가 많습니다. 요즘 아이들이 유달리 버릇이 없어서일까요? 사실 아이들은 왜 그런 생활 규범들을 지켜야 하는지 스스로 납득이 안 되기 때문일 겁니다.

'이럴 때는 어떻게 행동하는 것이 예의지? 불편하기만 한데 왜 굳이 그렇게 해야 하지?'

어른들에게는 당연하게 느껴지는 것들이 아이들에게는 당연하지 않을 수 있습니다. 일방적으로 강요받은 예절들이 고리타분하게 느껴지기도 하고요. 아이들이 생활 속에서 맺는 여러 관계 속에서 어떤 도리들을 지켜야 하는지, 구체적인 방법과 이유에 대해 이야기를 나눌 필요가 있습니다. 그때 그 대화의 매개체가 되는 것이 바로 《사자소학》입니다.

학기 초 함께 수업하는 중학교 3학년 아이들에게 《사자소학》에 대해 묻자 70퍼센트가 넘는 아이들이 한 번이라도 들어봤거나 접했다고 대답했습니다. 그만큼 아이들에게도 매우 익숙한 책이지요. 한자와 어휘를 익히는 데 도움이 될 뿐만 아니라 바른 성품과 생활 습관을 배울 수 있는 더없이 훌륭한 고전입니다.

"《사자소학》 공부하면 좋다고 해서 교재를 사서 아이에게 줬는데 꾸준히 하기가 어렵네요."

엄마가 큰맘 먹고 《사자소학》 책을 사서 아이에게 던져주고 혼자서 읽게 한다면 아이는 십중팔구 처음 몇 구절만 보다가 쉽게 포기하고 맙니다. 어떻게 하면 아이와 즐겁고 효과적으로 꾸준히 《사자소학》을 읽을 수 있을까요? 적절한 접근법과 독서법이 필요합니다.

《사자소학》 읽기, 이렇게 접근하라

먼저 《사자소학》을 아이와 '함께' 읽는다는 엄마의 의지가 중요합니다. 아이에게 좋은 책이라면 당연히 엄마에게도 좋습니다. 아이에게 읽히려고만 하지 말고 함께 정독한다는 마음으로 접근해야 합니다. 부모가 먼저 몰입해서 재미있게 읽는 모습을 보여준다면 아이도 자연스럽게 호기심을 가지게 됩니다. 산책이나 식사 시간에 넌지시 읽은 내용과 더불어 《사자소학》의 의미에 대해 아이에게 이렇게 말해주어도 좋습니다.

"《사자소학》은 네 글자 소학이라는 뜻이야. 《소학》은 책 이름인데 한자로는 작을 소(小), 배울 학(學)이지. 작을 소(小)와 반대되는 한자가 뭐지?"

"큰 대(大)!"

"맞아, 그래서 《대학(大學)》이라는 책도 있어."

"대학? 대학교 할 때 그 대학이에요?"

"응, 대학교의 대학이 거기서 유래한 말이야. 그런데 소학에서 유래한 소학교도 있다는 사실 아니? 지금 네가 다니는 초등학교라는 명칭이 예전에는 초등학교, 그 이전에는 소학교였어. 지금도 중국에서는 초등학교와 같은 학교를 '소학'이라고 해. 일본에서도 '소학교'라고 하지."

"아하! 그렇다면 《사자소학》은 초등학생들이 읽는 책이라는 뜻이네요."

"그렇지, 《사자소학》은 우리 선조들이 서당에서 글공부를 시작할 때 처음 배우던 책이야."

인지 발달 단계에 따라 읽는 순서를 정하라

동양 고전은 짧은 구절로 이루어져 있어 꼭 순서대로 읽을 필요가 없다는 것이 가장 큰 특징이지요. 책을 펼쳐 마음이 가는 대로 읽어도 됩니다. 《사자소학》도 마찬가지입니다. 《사자소학》의 목차는 책마다 약간씩 다르지만 대체로 부모, 형제, 사제·경장, 붕우, 수신·제가 편으로 이루어져 있습니다. 주로 일상에서 맺는 관계들 사이에서 지켜야 할 덕목들을 제시하고 있지요. 그런데 초등학교 시기의 아이들이 이해하기 어려운 가치들을 추상적으로만 설명한 구절들이 있습니다. 아이들이 《사자소학》을 호기롭게 시작했다가 초반 몇 구절만 열심히 읽고 포기하는 이유가 바로 여기에 있습니다.

피아제의 인지 발달 이론에 따르면 7세에서 11세를 구체적 조작기, 12세 이후는 형식적 조작기로 나눕니다. 구체적 조작기는 구체적이고 실제적인 대상에 대한 사고가 발달합니다. 형식적 조작기는 구체성이 없고, 경험하지 못한 것에 대해서도 추상적이고 추론적 사고가 가능합니다. 이를 학습과 연관시키면 아이들이 어떤 개념을 이해할 때, 직접적이고 구체적인 단계에서 간접적이고 상징적인 단계로 발달해나간다는 것을 의미합니다. 《사자소학》을 읽을 때도 이런 인지 발달 단계에 따라 읽는 순서를 정한다면 처음 생겼던 흥미를 그대로 유지하며 끝까지 읽어갈 수 있습니다.

인지발달에 따라 《사자소학》 읽는 법

7~11세 구체적 조작기	구체적 행동 지침이 드러나는 구절 읽기

⬇

12세 이후 형식적 조작기	추상적 덕목을 제시한 구절 읽기

《사자소학》에서 가장 많은 부분을 차지하는 것이 바로 '효(孝)'와 관련된 내용입니다. 그런데 《사자소학》을 순서대로 읽다 보면 '부모님의 은혜는 하늘과 같다' '부모님이 꾸짖어도 원망하지 않아야 한다' 등의 구절을 먼저 접하게 됩니다. 아직 효(孝)라는 덕목이 낯설고 개념조차 형성되어 있지 않은 아이들은 자칫 강요당하는 느낌이 들어 거부감부터 가질 수 있습니다. 하지만 다음과 같이 구체적 행동 지침이 드러나는 구절들을 먼저 읽고 나면 효에 대한 개념이 머릿속에 조금씩 그려집니다.

出必告之, 反必面之

출필고지, 반필면지

나갈 때는 반드시 알리고 돌아오면 반드시 뵈어라.

勿與人鬪, 父母不安

물여인투, 부모불안

남과 싸우지 마라, 부모님께서 불안해하신다.

'효란 거창한 것이 아니구나. 부모님은 항상 우리를 걱정하시는데, 걱정을 끼치지 않도록 행동하는 것도 큰 효도구나. 부모님께서 부르면 '네!' 하고 대답하는 것도 효라고 할 수 있구나.'

이렇게 효의 의미를 아이가 스스로 그려볼 수 있다면 '사람의 자식이 되어 어찌 효도를 하지 않겠는가?'와 같이 효에 대해 추상적으로 말하는 구절을 읽어도 고개를 끄덕이게 됩니다.

실천력을 기르는 대화를 하며 읽기

더 나아가 아이와 함께 평소 행동을 돌아보거나 생활 속에서 효를 실천할 수 있는 방법에 대해 이야기를 나눕니다. 책 속에 갇힌 효가 아닌 아이의 생활 속에서 효를 생각하고 느낄 수 있도록 유도합니다. 이런 단계를 거쳐 《사자소학》을 읽으면 아이는 자신도 모르는 사이 자연스럽게 중요한 덕목들을 습관화하고 내면화할 수 있습니다.

父母出入, 每必起立

부모출입, 매필기립

부모님께서 나가고 들어오실 때는 매번 일어나서 인사를 해야 한다.

• 대화 주제: 부모님이 나가고 들어오실 때 평소 나의 모습은 어떠했나요?

勿登高樹, 父母憂之

물등고수, 부모우지

높은 나무에 올라가지 마라, 부모님께서 걱정하신다.

• 대화 주제: 부모님이 걱정하시지 않도록 어떤 위험한 행동을 하지 않아야 할까요?

父母呼我, 唯而趨進

부모호아, 유이추진

부모님이 부르시면 곧바로 대답하고 달려가라.

• 대화 주제: 부모님이 부르면 곧바로 대답하는 행동은 왜 중요할까요?

대표적으로 효와 관련된 내용을 예로 들었지만, 《사자소학》에서 다루는 덕목들은 배려, 책임, 절제, 존중, 수신 등 다양합니다. 이런 덕목을 중심으로 아이들이 일상에서 맺는 관계인 나, 나와 친구, 나와 어른, 나와 부모님 사이에서 지켜야 할 가장 기본적인 예절들에 관한 내용들을 담고 있지요. '덕목과 가치'가 머리와 마음에 있는 것이라면 이를 기반으로 말과 행동을 통해 겉으로 발현되는 것이 바로 '예절'이라고 할 수 있습니다. 아이들은 《사자소학》을 통해 구체적인 예절과 더불어 추상적인 가치를 함께 배울 수 있습니다. 《사자소학》을 읽을 때 40구절에서 50구절 정도를 하루에 한 구절씩 방학을 이용하여 공부하면 아이들에게 크게 부담되는 분량은 아닙니다. 투자 대비 얻을 수 있는 것이 많은 고전 읽기가 됩니다. 적절한 접근법과 분량, 독서법을 적용한다면 《사자소학》을 효과적이고 재미있게 끝까지 읽을 수 있습니다.

《사자소학》 읽기는 아이의 일상을 달라지게 합니다.

아이의 마음 성장을 돕는 《명심보감》 읽기

얼마 전, 학구열이 높다고 소문난 동네에 사는 동료 선생님을 만났습니다.

"요즘 우리 아이가 조금 특별한 과외를 받고 있는데 아이가 참 만족하고 좋아해."

"특별한 과외? 일타강사의 족집게 과외 같은 거예요?"

관심 있게 선생님의 말을 들어보니 그 특별한 과외는 다름 아닌 '멘탈 과외'였습니다. 사립고등학교에 다니는 선생님의 딸은 그 학교를 우수한 성적으로 졸업한 선배 언니로부터 공부법, 시간 관리, 자기 관리와 같은 이야기를 편하게 나누면서 일종의 상담과 같은 과외를 받는다고 합니다. 카페에 앉아 정해진 시간 동안 고민을 털어놓고 이야기를 나누는 것만으로도 아이가 많은 도움을 받는다고 해요. 그런 시간을 보내고 나면 오히려 동기 부여가 돼서 공부가 더 잘된다고 딸이 참 좋아한다고 하더군요.

국·영·수와 같은 교과 과외가 아닌 멘탈 관리를 돕는 과외까지 있다니 참 놀랍지요. 최근 일명 교육 유튜버들이 주로 다루는 콘텐츠가 바로 동기 부여 영상, 멘탈 관리법, 공부법에 관한 것들입니다. 중·고등 학생들이 교과 학습 자체보다 오히려 그런 주제의 영상들을 더 많이 찾아본다는 증거지요.

아이들도 공부가 힘겹고 방향을 잃은 채 방황하고 마음이 흔들릴 때가 있습니다. 그럴 때 흔들리는 마음의 중심을 잡아줄 무언가를 찾아 헤맵니다. 아이들에게도 마음공부가 필요합니다. 《명심보감》이 그런 역할을 할 수 있습니다. 《명심보감》은 여러 고전들 속에서 도움이 될 만한 내용들을 따로 모아놓은 명언 모음집입니다. 자극적인 말로 관심을 끄는 유튜브 영상보다 《명심보감》에는 아이들의 마음 성장을 돕는 훨씬 영양가 있는 말들이 가득합니다.

《명심보감》 읽기, 아이의 호기심으로 시작하라

아이들이 처음 영어를 배울 때 '흘려듣기'가 중요하듯 고전에서는 '흘려 보기'가 중요합니다. 흘려 보기란 엄마가 먼저 《명심보감》을 읽고 인상적인 구절들을 예쁘게 메모해서 아이가 오가며 볼 수 있도록 잘 보이는 곳에 붙여두는 것을 말합니다. 이게 효과가 있을까 싶지만, 가랑비에 옷 젖듯이 아이도 모르는 사이에 구절의 내용을 눈에 담아두게 됩니다. 그때 넌지시 '이 말은 이런 책에서 나왔어'라고 책을 살짝 노출해주는 것이죠. 그리고 《명심보감》이라는 책 제목이 가진 의미에 대해 이야기해줍니다.

"이 책의 제목은 '명심보감'이야. 밝을 명(明), 마음 심(心), 보배로울 보(寶), 거울 감(鑑). 마음을 밝히는 보배로운 거울이란 뜻이지."

"책이 왜 거울이에요?"

"책을 거울이라고 하다니 참 재밌는 제목이지? 우리가 거울을 언제 보지?"

"얼굴에 뭐가 묻었는지 보거나 예쁘게 꾸밀 때요. 엄마 화장할 때처럼."

"맞아. 거울을 통해서 우리는 얼굴이 어떤지 확인해볼 수 있어. 그런데 마음은? 마음은 어디가 더러운지, 깨끗한지 어떻게 알 수 있을까? 이 책은 마음을 비춰보는 거울이야. 이 책을 읽으면 마음을 비춰보고 더러운 것을 털어내고 얼굴을 화장하듯 마음을 밝게 밝혀줄 수 있지."

"마음을 비추는 거울이라니, 책 내용이 궁금해요."

아이가 약간의 관심이라도 보인다면 성공입니다. 그리고 그 관심이 유지될 수 있도록 휴대할 수 있는 작고 가벼운 《명심보감》 책을 하나 더 구입합니다. 그리고 손만 뻗으면 닿는 곳에 두거나 외출할 때 볼 수 있도록 차에 둡니다. 마치 진짜 거울처럼요. 수시로 꺼내 볼 수 있도록 말입니다. 아무 데나 펼쳐서 한 구절만 읽어도 괜찮습니다. 《명심보감》은 그렇게 곁에 두고 조금씩 읽는 묘미가 있습니다.

《명심보감》 효과적으로 읽기

《명심보감》은 《사자소학》보다 깊이가 있습니다. 판본마다 다르지만 대략 300구절 정도입니다. 목차를 살펴보면 계선(繼善), 정기(正己), 근학(勤學), 존심(存心) 등 다루고 있는 가치 또한 매우 다양합니다. 어떻게 하면 아이들의 수준에 맞게 효과적으로 《명심보감》을 읽을 수 있을까요?

300구절 중 아이들에게 필요한 핵심 구절 40~50개를 정합니다. 내용이 어렵지 않으면서도 아이들에게 필요한 덕목인 '선의 실천' '자아 성찰' '배움의 중요성' 등에 관한 내용을 담고 있는 구절을 뽑습니다. 그리고 아이들이 지치지 않고 끝까지 읽어갈 수 있도록 내용 이해가 쉬운 비유 표현이 들어간 구절부터 읽는 겁니다.

제가 실제로 《명심보감》을 필사할 때 인상적인 구절들을 따로 필사 노트에 적어두었는데 대부분 비유 표현이 들어간 구절들이었습니다. 동양 고전에는 주로 자연의 법칙에 인간을 대비하여 표현해 놓은 구절들이 많습니다. '~처럼' '~와 같다'라는 비유 표현이 들어간 구절들은 읽고 나면 무릎을 탁 치게 만듭니다. 구절에서 강조하고자 하는 내용이 머릿속에 그려지면서 마음에 확 와닿는 느낌이 들어요. 아이들도 이런 문장은 단순히 설명만 하는 서술식 문장보다 내용 파악이 쉽고 재미있게 읽을 수 있습니다.

見善如不及, 見不善如探湯

견선여불급, 견불선여탐탕

선한 일을 보면 미치지 못한 것처럼 하고,

선하지 않은 일을 보면 끓는 물을 만지듯 하라.

- **풀이:** 여기서 '미치지 못하다'는 말은 '어디에 도달하지 못하다' 라는 말이에요. 항상 부족한 듯이 하라는 말이지요. '끓는 물을 만지듯 하다'는 말은 '얼른 손을 빼라'라는 말이에요. 선한 일은 항상 부족하게 느껴 더 하기 위해 노력해야 하고, 선하지 못한 일은 얼른 그만두고 하지 말라는 의미입니다.

人生不學, 如冥冥夜行

인생불학, 여명명야행

사람이 배우지 않으면 어둡고 어두운 밤길을 가는 것과 같다.

• **풀이:** 왜 공부하는지, 배움의 의미에 대해 말하는 문장이에요. 배움이 없다면 어두운 밤길을 헤매는 것과 같아요. 앞이 보이지 않아 제대로 걸을 수도 없고 목적지에 도달하기도 어렵겠지요. 우리가 무엇인가를 배운다는 것은 깜깜한 길을 밝게 비추는 등불과 같은 역할을 합니다.

利人之言, 煖如綿絮, 傷人之語, 利如荊棘

이인지언, 난여면서, 상인지어, 이여형극

다른 사람을 이롭게 하는 말은 솜처럼 따뜻하고,

다른 사람을 상하게 하는 말은 가시처럼 날카롭다.

• **풀이:** 부모님들은 아이들에게 고운 말 예쁜 말을 쓰라고 자주 이야기하지만 아이에게는 별로 와닿지 않습니다. 그럴 때 남에게 솜처럼 따뜻한 말과 가시처럼 날카로운 말이라고 비유해서 표현해보세요. 다른 사람에게 어떻게 말해야 할지 아이에게 더 직관적으로 다가옵니다.

아이들에게 "나쁜 일을 하지 말아야 한다"라고만 말한다면 별로 와닿지 않습니다. "그런데 끓는 물을 만지는 것처럼"이라고 표현한다면 어떤가요? 끓는 물을 만졌을 때 얼른 손을 빼는 장면이 떠오르면서 나쁜 일을 하지도, 보지도 말아야겠다는 생각이 듭니다.

초등학교 교과서를 살펴보면, 6학년 1학기 국어에 '비유하는 표현'이라는 단원이 나옵니다. 이 단원에서는 직유법, 은유법, 의인법과 같은 비유법에 대해 배우고, 비유하는 표현을 생각하며 읽고 글을 씁니다. 《명심보감》을 읽은 아이라면 이미 비유하는 표현이 들어간 글에 익숙해져 있겠죠. 글쓰기도 마찬가지입니다. 아이들이 처음 글쓰기를 배울 때 가장 먼저 시작하는 단계는 구체적 경험에 기반하여 쓰기입니다. 그다음 단계가 바로 비유 표현을 이용하여 쓰기입니다. 비유 표현을 잘 알고 적절히 활용한다면 아이의 글이 훨씬 풍성해집니다. 비유 표현에 주목하여 《명심보감》을 읽는다면 아이들의 글쓰기 실력에도 도움이 됩니다.

어휘력을 기르는 질문 하며 읽기

《명심보감》 읽기를 통해 마음공부와 함께 어휘력도 기를 수 있습니다. 구절을 풀이하면서 한자와 친해지고 뜻을 알았다면, 구절마다 핵심 한자를 정하고 그 한자가 들어간 어휘까지 확장하여 익힐 수 있도록 질문하는 겁니다. 문장과 문맥을 통해 배운 한자의 뜻이 평소 내가 쓰는 어휘에 어떻게 활용되는지 연결해볼 수 있다면 어휘력도 저절로 길러집니다.

見善如不及, 見不善如探湯

견선여불급, 견불선여탐탕

선한 일을 보면 미치지 못한 것처럼 하고,

선하지 않은 일을 보면 끓는 물을 만지듯 하라.

• 질문 주제: '探'은 어떤 뜻일까요?

• 핵심 한자1: 探(찾을 탐), 손을 깊은 곳에 넣어 더듬어서 '찾다'

• 확장 어휘3: 탐구(探求), 탐방(探訪), 탐문(探問)

人生不學, 如冥冥夜行

인생불학, 여명명야행

사람이 배우지 않으면 어둡고 어두운 밤길을 가는 것과 같다.

• 질문 주제: '學'은 어떤 뜻일까요?

• 핵심 한자1: 學(배울 학), 아이가 양손에 책을 들고 가르침을 '배우다'

• 확장 어휘3: 학습(學習), 학교(學校), 학문(學問)

利人之言, 煖如綿絮, 傷人之語, 利如荊棘

이인지언, 난여면서, 상인지어, 이어형극

다른 사람을 이롭게 하는 말은 솜처럼 따뜻하고,

다른 사람을 상하게 하는 말은 가시처럼 날카롭다.

- 질문 주제: '利'는 어떤 뜻일까요?
- 핵심 한자1: 利(이로울 리, 날카로울 리), 날카로운 낫으로 벼를 베어 수확하다.
- 확장 어휘3: 이권(利權), 이자(利子), 공리(公利)

요즘 아이들에게는 교과 공부에 앞서 마음공부가 필요합니다. 《명심보감》에는 아이들의 마음공부에 도움이 될 만한 문장들이 가득합니다. 《명심보감》은 《사자소학》보다 내용이 깊고 분량이 많습니다. 《명심보감》을 효과적으로 즐겁게 읽기 위해서는 적절한 분량을 정하고 비유 표현이 들어간 문장부터 먼저 읽습니다. 비유 표현은 어려운 문장을 쉽게 이해하게 하고 아이들의 글쓰기 실력도 향상시킬 수 있습니다. 더 나아가 핵심 한자와 확장 어휘 위주로 질문하며 읽으면 어휘력도 저절로 길러집니다.

《명심보감》 읽기는 아이의 마음 성장을 돕습니다.

지식이 지혜로 연결되는 《논어》 맛보기

삼성그룹의 창업자인 이병철 회장은 가장 감명받은 책으로 《논어》를 꼽았습니다. 후계자인 이건희에게도 물려주었다고 하지요. 그는 자신의 자서전에서 이렇게 말했습니다.

"나의 생각이나 생활이 《논어》의 세계에서 벗어나지 못한다 해도 오히려 만족한다."

그는 《논어》에서 발췌한 글귀들을 한문으로 직접 써서 자신의 방에 걸어두고 늘 영감을 받았다고 합니다.

일본에서 가장 존경받는 기업가이자 경영의 신으로 불리는 이나모리 가즈오도 인생 최고의 지침서로 주저 없이 《논어》를 꼽습니다.

"젊은 시절 공자의 《논어》를 배운 게 지금의 나를 있게 했다."

그 외에도 유명한 미국 투자가인 워런 버핏, 알리바바의 창업자

마윈 등도 《논어》를 읽고 얻은 깨달음을 기업 경영에 반영했다고 합니다.

《논어》를 읽기 전 아이에게 이런 이야기를 넌지시 해보는 겁니다.

"왜 이런 유명한 기업가들은 '돈 잘 버는 법'에 관한 책을 읽지 않고 《논어》를 읽었을까? 《논어》에 어떤 비밀이 숨어 있을까? 우리 그 비밀을 함께 찾아볼까?"

《논어》 읽기, 이렇게 접근하라

《논어》는 주로 공자의 말을 기록한 책입니다. 아이들에게 《논어》를 읽으라고 권하기 전에 '공자'라는 인물에 대해 탐색하는 시간을 가지게 해주세요. 공자가 누구인지 안다면 《논어》를 더욱 깊이 있게 이해할 수 있습니다.

이때 아이가 흥미를 느끼는 주제의 분야로 접근한다면 더욱 효과적입니다. 예를 들어 '전쟁'을 좋아하는 남자아이라면 공자가 살았던 시대적 배경에 초점을 맞춰 이야기를 먼저 꺼내는 것이죠.

"공자가 살았던 시대는 춘추시대야. 전쟁이 일상이었던 매우 혼란했던 시기지. 공자의 사상은 거기서 출발했어."

기승전결이 있는 스토리를 좋아하는 여자아이라면 공자와 제자들의 일화들을 들려줘도 좋습니다.

"공자의 직업은 지금으로 이야기하면 프리랜서 선생님이야. 제자가 수백 명이었지. 그중 공자가 가장 아끼는 '안회'라는 제자가 있었어. 그런데 그 제자는 서른두 살의 나이로 요절했어. 공자가 '하늘이 나를 저버렸구나' 하면서 많이 슬퍼하는 내용이 《논어》에 나와."

여행이나 영화를 좋아하는 활동적인 아이라면 공자와 관련된 유적지를 함께 검색해도 좋고 공자가 주인공인 영화를 함께 봐도 좋습니다. 공자라는 인물에 대한 관심은 곧 《논어》를 읽고 싶다는 동기로 이어집니다.

또한 자칫 지루할 수 있는 고전 독서를 시각화하면 아이의 흥미를 끝까지 유지할 수 있습니다. 《논어》는 구절별로 이루어져 있기 때문에 구절마다 번호를 붙이는 겁니다. 그런 다음 진도표를 만들어서, 읽을 때마다 스티커를 붙이거나 색칠을 해서 칸을 채워나갑니다. 하루에 한 구절씩만 익혀도 성공입니다. 이렇게 고전 읽기를 시각화하면 중도에 포기할 확률이 현저히 낮아집니다. 10대의 뇌는 벌보다 보상에 잘 반응한다고 합니다. 벌을 피하기 위해서가 아니라 상을 받기 위해 무엇인가를 해야겠다는 동기가 생긴다는 것이죠. 아이 스스로 《논어》 읽기의 목표를 정하게 하고, 10구절마다 목표를 달성했을 때 어떤 보상을 받고 싶은지 함께 상의해보세요. 고전을 읽고 참여하는 그 시간 자체가 즐거울 수 있도록 다양한 장치를 마련하는 겁니다.

ㅇㅇ의 《논어》 읽기 진도표

<table>
<tr><th>구절 1</th><th>구절 2</th><th>구절 3</th><th>구절 4</th><th>구절 5</th><th>보상 계획</th></tr>
<tr><td>학이시습
學而時習</td><td>온고지신
溫故知新</td><td>욕속부달
欲速不達</td><td>과유불급
過猶不及</td><td>문일지십
聞一知十</td><td rowspan="5">스크린 타임 1시간
부모님과 보드게임,
컴퓨터 게임 1시간,
등</td></tr>
<tr><td>읽은 날짜
/</td><td>읽은 날짜
/</td><td>읽은 날짜
/</td><td>읽은 날짜
/</td><td>읽은 날짜
/</td></tr>
<tr><th>구절 6</th><th>구절 7</th><th>구절 8</th><th>구절 9</th><th>구절 10</th></tr>
<tr><td>과이불개
過而不改</td><td>삼성오신
三省吾身</td><td>교언영색
巧言令色</td><td>견리사의
見利思義</td><td>발분망식
發憤忘食</td></tr>
<tr><td>읽은 날짜
/</td><td>읽은 날짜
/</td><td>읽은 날짜
/</td><td>읽은 날짜
/</td><td>읽은 날짜
/</td></tr>
</table>

《논어》를 읽는 3가지 방법

《논어》는 동양 고전의 진수입니다. 동양 철학이 《논어》로부터 시작되었다고 해도 과언이 아니죠. 《논어》는 '학이'부터 '요왈'까지 총 20편 500여 구절로 이루어져 있습니다. 다루고 있는 주제 또한 사회윤리뿐 아니라 정치, 교육 등으로 《사자소학》이나 《명심보감》보다 확장된 느낌입니다. 어떻게 하면 아이들의 수준에 맞게 효과적으로 《논어》를 읽을 수 있을까요?

초등학생에게 《논어》는 결코 쉬운 책은 아닙니다. 그래서 처음에는 학습만화나 이야기로 《논어》의 내용을 쉽게 풀어낸 책으로 시작하는 게 좋아요. 《논어》를 한자 없이 만나는 것이죠. 《논어》에 어떤 내용이 있는지 파악하고 교훈을 얻을 수 있어요. 만약 한자를 공부하지 않았다면 이 단계에서 멈추고 맙니다. 하지만 한자를 공부한 아이라면 한자와 더불어 《논어》를 쉽게 만나는 단계까지 나아갈 수 있어요. 필요한 구절만 발췌하여 쉽게 해석한 책, 한자도 함께 익힐 수 있도록 쉽게 구성한 책을 활용할 수 있습니다.

과유불급(過猶不及), 온고지신(溫故知新)처럼 일상생활에 흔히 쓰이는 사자성어들도 사실 《논어》의 문장에서 나온 것들이 많습니다. 아래의 예시처럼 실생활 속에서 흔히 쓰이는 유명한 구절이나 짧은 문장부터 접근한다면 아이들도 어렵지 않게 《논어》에 도전할 수 있어요.

過而不改 과이불개

잘못하고서도 고치지 않는다.

- **원문:** 過而不改, 是謂過矣 과이불개, 시위과의
- **풀이:** 잘못이 있어도 고치지 않는다면 이것이 바로 잘못이다. 2022년 교수신문에서 선정한 올해의 사자성어이기도 하죠. 누구나 잘못을 할 수 있습니다. 실수나 잘못을 한 후 유독 자책

하며 힘들어하는 아이들이 있어요. 그럴 때 잘못 그 자체보다 그 잘못을 되풀이하지 않기 위해 노력하지 않는 것, 잘못을 고치지 않는 것, 그것이 '진짜' 잘못이라는 것을 알려주세요.

이렇게 초등학교 때 《논어》를 맛본다면 중·고등학생, 성인이 되어서도 《논어》를 읽을 힘이 생깁니다. 초등학교 때는 너무 욕심부리지 않아도 됩니다. 《논어》의 30구절 정도만 초등학교 때 훑어본다는 느낌으로 접근하면 됩니다. 《논어》에 대한 씨앗을 심어주는 거예요. 처음에는 어렵게 느껴지더라도 그 씨앗을 기반 삼아 언젠가는 꽃을 피우게 됩니다. 성인이 되어서도 인문 고전을 즐기는 독자가 되려면 어릴 때부터 인문 고전을 읽어야 합니다.

중·고등 때도 힘을 발휘하는 《논어》 읽기

발췌한 원문과 풀이를 소리 내어 읽어보는 것만으로도 아이는 《논어》에서 다루는 핵심 개념들을 체득할 수 있습니다. 《논어》를 통해 한 차원 높은 독서 경험을 하게 되고 아이의 생각과 행동에도 유의미한 변화가 생깁니다.

《논어》는 동양 철학의 출발점이에요. 《논어》를 읽으면 다양한 철학 사상을 배울 때 도움이 되는 철학적 사고의 틀, 스키마를 형성할 수 있습니다. 이렇게 쌓인 견고한 스키마는 풍부한 배경지식과 함께 나중에 아이가 중·고등학교에 진학해서도 큰 힘을 발휘할 수 있어요.

《논어》는 모의고사나 수능 국어 영역 비문학, 논술 시험의 단골 제시문입니다. 꼭 《논어》 그 자체가 아니더라도 이를 응용한 철학 관련 글들이 다수 출제됩니다. 초등학교 때 《논어》를 읽어본 아이라면 어려운 철학 관련 글들이 그리 어렵게 느껴지지 않습니다.

최근 3개년 동안 수능 사회탐구 응시자가 가장 많은 1위 과목이 바로 '생활과 윤리'입니다. 생활과 윤리 과목의 목차를 살펴보면 1단원부터 바로 동양 윤리가 나옵니다. 공자가 말한 인(仁)과 예(禮), 군자, 대동 사회 등의 개념이 중요한 내용으로 다루어집니다. 《논어》 속 문장 자체가 문항의 지문으로도 자주 활용됩니다.

《논어》는 쉽지 않은 책이지만 초등학생들도 충분히 도전해볼 만한 고전입니다. 큰 부담을 갖지 말고 학습만화나 이야기로 풀어낸 형식의 책으로 시작해서, 《논어》에 나오는 한자성어 30개 정도만 맛본다는 느낌으로 접근해보세요. 초등에서 《논어》를 접한 아이는 중·고등 때 만나는 철학 지문도 쉽게 읽어내고, 살아가는 데 꼭 필요한 철학적 사고의 기틀도 마련하게 될 겁니다.

입으로 읽는 책,
손으로 읽는 책

一日不讀書, 口中生荊棘

일일부독서, 구중생형극

하루라도 책을 읽지 않으면 입안에 가시가 돋는다.

안중근 의사가 뤼순 감옥에서 죽음을 앞두고 쓴 유명한 글귀입니다. 이 말은 원래 《추구》라는 고전에 나오는 말입니다. 독서의 중요성에 대해 강조한 글귀이지요. 그런데 왜 하필 입안에 가시가 돋는다고 했을까요? 우리가 흔히 쓰는 '가시 돋친 말'이라는 표현처럼 책을 읽지 않으면 험한 말을 하게 된다는 뜻이에요. 그런데 저는 '입'에 초점을 두고 좀 다르게 생각해보았습니다. 이 말은 곧 우리 전통 독서법이 바로 낭독이었기 때문이 아닐까 생각했어요. 책을 읽을 때 주로 입으로 소리 내어 읽었기 때문에 '하루라도 책을 읽지 않으면 입이 마르고 가시가 돋는 듯하다'는 의미라고도 볼 수 있습니다.

"서당 개 삼 년이면 풍월을 읊는다"는 말처럼 동양에서의 독서는 주로 소리 내어 읽는 낭독(朗讀)이었습니다. 서당에서는 항상 아이들의 글 읽는 소리가 들렸죠. 현재는 묵독(默讀)의 시대입니다. 우리가 책을 읽는다고 할 때 주로 떠올리는 모습은 조용히 눈으로 글을 읽는 것이죠.

글자가 책 속에서 걸어 나와 머릿속으로 들어가는 낭독

대학교 3학년 때 저녁마다 한국고전번역원에 고전 수업을 들으러 다녔습니다. 동양 고전에 관심 있는 학생, 직장인, 주부 등 일반인들을 대상으로 하는 수업이었어요. 그때 과목이 '통감절요'였습니다. 내용도 어렵고 저녁에 듣는 수업이다 보니 많이 졸았어요. 항상 강의가 끝날 때쯤 선생님께서 "그럼, 오늘 배운 부분을 쭉 한번 읽어봅시다" 하면서 따라 읽게 하셨어요. 한문으로 된 문장을 쭉 두세 번 독음하고 나면 신기하게도 그날 배운 부분이 머릿속에 정리되는 느낌이었습니다.

'글을 소리 내어 읽으면 글은 소리와 결합한다. 그런 결합의 과정을 통해 비로소 그 글자가 책 속에서 걸어 나와 나의 머릿속으로 들

어간다.'

제가 그때 느꼈던 낭독의 효과를 한마디로 말하면 바로 이런 느낌이었습니다. 그 이후 교사가 되었고 수업 시간에도 낭독을 실천해보기로 했어요. 《열하일기》를 주제로 한 고전 읽기 수업을 진행하면서 아이들에게 한 문단씩 읽게 했습니다. 처음에는 부끄러워하던 아이들도 곧잘 읽었습니다. '다른 수업보다 덜 졸린다' '수업에 집중이 잘 된다'는 반응이었습니다. 평소 한문 수업 때도 문장을 자주 따라 읽게 하고 수업 말미에는 오늘 배운 부분을 두세 번 반복하여 읽게 했습니다. 그랬더니 하루는 옆 반에서 수업하시던 선생님께서 아이들의 글 읽는 소리가 듣기 좋다고 칭찬해주셨습니다.

낭독의 효과를 느껴보신 적 있으세요? 이해가 잘 안 되는 내용을 읽을 때 소리 내어 읽으면 자연스럽게 이해될 때가 있습니다. 묵독에 비해 낭독할 때 시각, 청각, 입 운동 등 자극이 동시에 이루어져 우리의 뇌가 더 활성화되기 때문이라고 하네요. 또한 내가 아는 내용을 입 밖으로 소리 내어 말하는 행위는 기억력을 20퍼센트 상승시킨다고 합니다. 소리 내어 읽으면 눈으로 읽을 때와 달리 천천히 읽게 됩니다. 단어나 발음 등에도 신경을 쓰게 되고요. 아이들의 발표력 향상에도 도움이 됩니다.

그렇다고 해서 모든 책을 낭독할 수는 없습니다. 그럴 필요도 없고요. 그런데 앞서 추천해드린 《사자소학》《명심보감》《논어》 등 동양 고전은 낭독하기에 가장 알맞은 책입니다. 구절이 짧고 대부분 대구로 이루어져 있어요. 입에도 착착 붙지요. 4글자가 하나의 구로 이루어진《사자소학》은 낭독하기에 특히 좋습니다. 이렇게 한문을 한자의 음으로만 쭉 읽는 것을 독음(讀音)이라고 합니다.

<동양 고전 낭독 독서법>

① 문장을 독음한다. 해석과 함께 읽는다.

② 혼자 읽을 때는 좋아하는 구절을 위주로 읽는다.

③ 여럿이 읽을 때는 한 사람이 먼저 읽고 나머지 사람이 따라 읽는다.

④ 번갈아가며 먼저 읽고 따라 읽는다.

⑤ 두세 번 반복한다.

아이들의 생각을 이끌어내는 필사

많은 전문가들이 낭독과 함께 가장 강조하는 고전 독서법이 바로 필사(筆寫)입니다. 필사란 붓 필(筆), 베낄 사(寫)입니다. 붓으로 베껴 쓰는 것이죠. 사(寫)는 사진의 '사'이기도 합니다. 사진을 찍듯이 똑같이 쓰는 것이에요.

몇 년 전, 한문 수업 시간에 필사를 수행평가로 한 적이 있습니다. 여러 동양 고전에서 도움이 될 만한 10개의 구절을 뽑아 한 주에 하나씩 한자와 해석을 적고 자신의 생각을 세 줄 정도 덧붙이게 했습니다. 어느 정도 습관이 되니 수업이 시작되면 아이들이 자연스레 필사 노트를 꺼내 차분히 필사했습니다. 그중에 아직도 기억에 남는 아이의 글이 있습니다.

> 口是傷人斧, 言是割舌刀, 閉口深藏舌, 安身處處牢.
> 구시상인부, 언시할설도, 폐구심장설, 안신처처뢰.
>
> 입은 사람을 다치게 하는 도끼이고 말은 혀를 베는 칼이다.
> 입을 닫고 혀를 깊이 감추면 몸이 어디 있든지 편안할 것이다.
>
> 나는 이 문장이 참 싫다. 좋은 문장이 아니다. 침묵을 강요하는 문장이다. 폭군인 연산군은 신하들이 바른 소리 하는 것이 듣기 싫어 저 글을 새긴 패를 항상 목에 달고 다니게 했다.

아이의 글을 읽고 깜짝 놀랐습니다. 이 구절은《명심보감》에 나옵니다. 말조심을 강조하는 구절이지요. 그런데 아이의 글을 읽고 나니 이 문장이 왠지 섬뜩하게 느껴졌습니다. 평소 수업 시간에 있는 듯 없는 듯 항상 조용하던 그 아이가 역사에 관심이 많았구나 싶었습니다. 필사는 이처럼 아이들의 생각을 이끌어냅니다. 자신이 평소 알고 있었던 배경지식이나 현재 처한 상황, 감정 등이 고전의 구절과 결합하면서 문장의 의미를 한 번 더 생각하게 만들죠.

필사의 효과

눈으로 책을 읽는 것이 자동차를 타는 것이라면 필사는 천천히 걸어가는 것과 같습니다. 매일 자동차를 타고 지나가던 길을 어느 날 걸어가 보세요. 평소에 보지 못했던 것들이 눈에 들어옵니다. 필사도 마찬가지에요. 평소 눈으로 읽을 때와 달리 손으로 쓰면 단어 하나, 문장 부호 하나 모두 새롭게 다가옵니다.

저는 2년 전부터 《명심보감》《논어》 등 동양 고전을 위주로 필사를 하고 있습니다. 아침 30분 정도 시간을 내어 책을 읽고 마음에 드는 구절을 필사합니다. 그리고 그 구절에 대한 나의 생각도 함께 적습니다. 그래서 가끔 필사는 손으로 하는 것이 아니라 마음으로 하는 게 아닐까 생각합니다. 그날 마음 상태에 따라 마음에 드는 구절이 결정되기 때문이지요. 그 구절은 그날 저의 고민이나 감정에 따라 새롭게 해석되기도 합니다.

필사하는 습관은 아이들에게 집중력을 길러줍니다. 자리에 앉아서 차분히 글씨를 쓰니 운필력도 길러지고요. 띄어쓰기나 맞춤법 등을 익히는 데도 도움이 됩니다. 특히 이미 많은 사람들로부터 인정받은 고전의 우수한 문장을 읽고 씀으로써 문장의 논리적인 구조, 고급스러운 표현과 어휘 등에 자연스럽게 영향을 받습니다. 더불어 자신의 생각을 작성하는 과정을 통해 아이들의 글쓰기 실력이 향상됩니다.

그런데 필사를 직접 해보면 생각보다 힘듭니다. 손이 아프고 시간이 오래 걸려요. 처음에는 짧은 구절이 좋습니다. 아이가 원하는 부분만큼만 필사하게 하세요. 그리고 아이들은 자신의 생각을 적는 것도 매우 어려워합니다. 처음에는 생각나는 단어 3개만 적어본다든지, 한 줄만 적어본다든지 아이에게 맞추어 쉽게 시작하시기를 바랍니다. 자신의 생각을 쓰는 연습을 하다 보면 단어 하나가 한 줄, 한 줄이 세 줄이 될 때가 온답니다. 또한 필사 노트나 필기구는 반드시 아이가 좋아하는 것으로 함께 골라서 시작하세요. 저는 필사를 시작하고 좋은 필기구를 수집하는 취미도 생겼습니다. 사각사각, 종이에 글씨가 적히는 소리를 듣다 보면 저도 모르게 힐링이 된답니다.

〈동양 고전 필사 독서법〉

① 마음에 드는 구절의 한자와 음, 해석을 적는다.

② 그 구절에 대한 자신의 생각을 세 줄 정도 적는다.

③ 자신만의 제목을 설정하여 맨 위에 적는다.

④ 노트는 얇은 것을 준비해 여러 권이 쌓일 수 있도록 한다.

낭독과 필사는 책을 체득하는 과정입니다. 체득(體得), 말 그대로 책을 입으로 손으로 읽어 몸으로 이해하는 것입니다. 수영이나 자전거 타기처럼 한 번 몸으로 익힌 기술은 잘 잊히지 않습니다. 오랫

동안 하지 않다가 다시 하더라도 그 기술이 몸에 남아 다시 금방 할 수 있지요. 낭독과 필사도 마찬가지입니다. 낭독과 필사로 읽은 책은 머리와 몸에 남아 시간이 오래 지나도 기억할 수가 있어요.

아이들은 점점 자랄수록 묵독에 익숙해집니다. 동양 고전만큼은 소리 내어 읽을 수 있도록 해주세요. 구절이 짧고 대구로 이루어져 있어 읽는 맛이 있습니다. 아이가 먼저 읽으면 부모님이 따라 읽어도 좋습니다. 낭독과 함께 필사는 최고의 고전 독서법입니다. 한 글자씩 써가며 천천히 읽다 보면 차분하고 집중력 있는 태도를 기를 수 있습니다. 저절로 한자 공부가 되고 글쓰기 실력도 향상됩니다. 낭독과 필사 모두 쉽지 않습니다. 처음에는 아이에게 맞게 적은 분량으로 천천히 시작하시기 바랍니다. 점점 양을 늘리면서 습관으로 만들어가면 됩니다.

동양 고전은 손으로 입으로 읽는 책입니다.

6장

한자 공부는 선택이 아닌 필수다

가정에서는 한자가 필수과목이 되어야 한다

'마태효과'라는 말을 아시나요?

"있는 자는 더욱 받아 풍족하게 되고, 없는 자는 있는 것까지도 빼앗기리라."

미국의 한 사회학자는 이 마태복음 구절을 인용하여 '마태효과'라는 용어를 처음 사용했습니다. 일종의 부익부 빈익빈 현상을 가리키는 말이죠. 코로나19 팬데믹 이후 이 끔찍한 말은 사회 전반에 걸쳐 현실이 되었습니다. 특히 교실에서의 상황은 더욱 심각했습니다. 학업성취도 정규 분포도 상의 두텁던 중간층이 사라지고 공부를 잘하는 학생들은 더 잘하게 되고, 못하는 학생들은 더 못하게 된 것이죠. 누군가는 이를 '평균의 실종'이라고 하더군요. 부모의 사회·경제적 격차가 아이들의 교육 기회의 격차로, 이는 결국 성적의 격차, 나아가 인생의 격차로 이어지고 있습니다. 교육에서의 이러한 양극화는 결국 사회의 역동성을 무너뜨리고 경직되게 만듭니다. 교육을 통한 계층 이동의 희망과 사다리가 무너집니다. '교육 기회의 평등'이라는 공교육의 책임과 역할에 대해 다시 생각해볼 때입니다. 한자 교육도 마찬가지입니다.

배울 기회를 갖지 못하는 아이들

올해 학기 초, 제가 현재 근무하는 중학교 3학년 학생 107명을 대상으로 설문조사를 진행했습니다.

1. 이전에 한자를 배운 적이 있습니까?

□있다 58.9% □없다 41.1%

2. 한자 공부가 필요하다고 생각하나요?

□전혀 필요 없다 2.8% □필요 없다 12.1% □보통이다 31.8%, □필요하다 38.3% □아주 필요하다 15%

3. 한자를 배운 적이 있다면 어떤 방식으로 했나요?

□유치원 수업 12.4% □초등학교 수업 1.7%
□초등학교 방과 후 수업 16.5% □학원 6.6%, 학습지 15.7%
□집에서 부모님과 5.8%, 기타 12.4%

중학교 3학년이 될 때까지 한자를 전혀 배운 적이 없는 학생들이 41퍼센트나 되었습니다. 한자 공부가 필요하다고 생각하는지에 대한 질문에는 '보통이다' '필요하다' '아주 필요하다'의 답변을 합치면 모두 85.1퍼센트였습니다. 한자 공부가 필요하다고는 생각하지만, 공부할 기회를 접해보지 못한 아이들이 상당히 많다는 것을 확인할 수 있었습니다.

'이전 한자 학습의 방식'에 대해 묻는 질문에는 '초등학교 방과 후 수업' '학습지' 순으로 많았습니다. 기타를 선택한 아이들은 '마법 천자문'과 같은 학습만화나 관련 영상이라고 답했습니다. 가장 응답률이 높았던 '방과 후 수업'이나 '학습지'는 부모님의 의도적인 관심과 개입으로 이루어지는 일종의 사교육 형태입니다. 이것은 부모님의 교육적 관심이 덜한 환경의 아이들은 정규교육 과정만으로는 자연스레 제대로 된 한자 공부를 할 기회를 갖지 못한다는 의미이기도 합니다.

현재 교육과정에서는 중학교에서 처음 '한문'이란 교과가 등장합니다. 하지만 '한문'은 중·고등학교에서 모두 선택과목으로 편제되어 있어 초·중·고 12년의 정규교육 과정을 거치더라도 한자 교육을 받지 못할 수도 있음을 의미합니다.

2010년대 초반 도입된 2009 개정 교육과정만 하더라도 선택과목이지만, 대부분의 학교에서 가르치는 과목이라는 인식이 강했습니다. 하지만 2018년부터 시행된 2015 개정 교육과정 이후 고등학교에서는 제2외국어, 기술·가정, 정보, 보건, 심리학 등의 생활 교양 과목군 중의 하나일 뿐, 배우지 않는 학교가 매우 많아졌습니다. 특히 그나마 시수를 확보하고 있었던 중학교마저 디지털 관련 교과의 확대로 설 자리가 점점 줄어들고 있습니다.

학교의 교육과정은 반찬 가짓수가 정해져 있는 밥상과 같습니다. 아이들에게 좋다고 해서 반찬을 무한정 늘릴 수 없지요. 시대의 흐름에 따라 어떤 반찬이 들어오면 기존의 반찬 중 한 가지는 반드시 빼야 합니다.

'어렵다'는 선입견이 강한 교과의 특성상 한 번도 제대로 수업을 받지 못한 한문 과목을 선뜻 선택하기란 어렵습니다. '막상 배워보니 어렵지 않다' '도움이 된다'는 느낌을 받아야 그 과목을 또다시 선택할 수 있습니다. 초등학교에서 배우지 않은 과목을 중학교에서 선택하기 어렵고, 중학교에서 배우지 않은 과목을 고등학교에서 선택하기란 어렵습니다. 그러다 보니 아이들은 12년 동안 한 번도 제대로 된 한자 교육을 받지 못한 채 졸업하게 됩니다.

이와 관련하여 2016년 중요한 헌법소원이 있었습니다. "현행 초·중등 교육과정에서 한자를 국어 과목의 일환으로 가르치지 않고, 한자 내지 한문을 필수과목으로 하지 않아 학생과 부모의 기본권을 침해한다"는 내용으로 청구된 사건이었습니다. 비록 헌법소원은 기각되었지만 앞으로 우리 사회의 언어 환경 변화에 따른 교육 방향에 시사하는 바가 크다고 할 수 있습니다. 특히 헌법 판결문에서 일부 재판관들의 반대 의견에 주목해볼 필요가 있습니다.

> 공교육 과정에서 한자 교육이 제대로 이루어지지 않고 있어 일정 부분 사교육에 의존할 수밖에 없는바, 경제적으로 어려운 가정의 자녀들은 사교육에 의해 한자를 배울 기회조차 얻지 못할 수 있으므로 결국 경제력의 유무에 따라 한자 학습 및 이를 통한 교육적 성장과 자아실현에 있어 형평에도 부합하지 아니할 수 있다.
>
> 그렇다면 이 사건 한자 관련 고시는 최소한 중학교 이상의 학생들에 대하여는 한문을 필수과목으로 가르칠 필요가 있음에도 이를 선택과목으로 편제함으로써 결과적으로 한자 교육의 부실화를 초래하였고, 그 결과 한자 내지 한문 교육을 통하여 인격적 성장과 발전을 이루고자 하는 학생들의 자유로운 인격 발현권 및 부모의 자녀교육권을 침해한다고 할 것이다.
>
> 헌재 2016. 11. 24. 2012헌마854

한글 전용 시대, 오히려 제대로 된 한자 교육이 필요하다

70~80년대만 하더라도 아이들은 자신의 이름, 주소 등을 한자로 기재할 수 있었습니다. 신문이나 방송 매체, 서적 등 생활 속에서 자

연스럽게 한자를 접하고 배울 수 있었습니다. 90년대 이후에도 그 빈도는 줄었지만, 기초 한자 정도는 생활 속에서 충분히 습득할 수 있었습니다. 2000년대 이후에는 생활 속에서 한자를 접할 기회가 완전히 줄어들었고 학교 교육을 통해 그나마 한자 공부를 할 수 있었습니다. 하지만 2010년대 이후 학생들의 선택권을 강화하는 교육과정과 디지털 역량을 기르는 과목의 도입으로 '한문' 과목은 많은 학교에서 개설되지 않고 있습니다. 이런 현상은 앞으로 5년 내 더욱 가속화될 것입니다. 부모와 아이의 의도적이고 적극적인 노력이 없다면 생활에서도 학교에서도 한자를 접하고 배울 기회가 없습니다.

최근 2020년대 이후에는 이런 위기 의식과 맞물려 한자 어휘력 부족으로 인한 문제가 대두되자 대형서점 아동 학습 분야에 한자 관련 서적의 매출이 매우 증가한 것으로 나타났습니다. 초등학생들이 많이 하는 학습지에서도 최근 한자 과목의 회원이 급격히 늘어난 것은 공교육에서 해소되지 못한 수요가 사교육으로 넘어간 것으로 볼 수 있습니다. 학부모들의 마음은 급한데 공교육에서는 그런 요구가 전혀 흡수되지 못하고 있습니다. 결국 공교육이 변하지 않는 한 한자 공부는 부모의 몫이 됩니다.

국·한문 혼용이나 한자 병기를 주장하는 것이 아닙니다. 생활 속에서 접할 기회가 없을수록 한글 전용 시대의 아이들에게 오히려 한자 교육은 '별도로' '제대로' 이루어져야 합니다. 초·중·고 12년의 정규교육 과정 동안 단 1년 만이라도 배울 수 있는 시간이 확보되어야 합니다. 어휘력의 기반을 다질 결정적 시기는 초등학교 때입니다. 이 시기 한국어의 어휘 인식에서 중요한 문제는 한자어와 맞춤법입니다. 따라서 초등학교 때부터 한자 교육이 이루어져야 합니다. 일부 학교 또는 담임교사, 부모들의 관심과 역량에 따라 달라지는 것이 아니라 누구나 배울 수 있는 보편적 한자 공부의 기회가 주어져야 합니다.

암울한 코로나19 시기를 거쳐오며 교육의 현장에서도 평균의 실종 현상이 나타났습니다. 자본의 양극화만큼 교육의 양극화도 커지고 있습니다. 부모의 사회·경제적 배경 차이가 아이들의 인생의 격차로까지 이어져서는 안 됩니다. 공교육의 책임과 역할에 대해 다시 생각해볼 때입니다. 한자 교육도 마찬가지입니다.

아이들은 대부분 한자 공부에 대한 필요성을 느끼지만, 언어 환경의 변화에 따라 생활 속에서 자연스럽게 한자를 접하고 배울 기회가 사라졌습니다. 정규교육 과정에서도 한문 과목은 선택과목이며 최근에는 개설되지 않는 학교가 매우 많아졌습니다. 학부모들과 사회적 요구가 공교육에는 전혀 반영되지 못하고 있습니다. 그래서 부모들은 결국 사교육에 의지할 수밖에 없습니다. 학습지, 학원 같은 의도적인 부모의 관심과 개입이 없다면 아이들은 한 번도 한자를 제대로 배울 기회를 갖지 못합니다.

한자 공부가 학교에서 계속 선택과목이라면 가정에서는 필수과목이 되어야 합니다.

메타인지, 자기주도학습과 한자 공부

작년 가을, 졸업생들과 오랜만에 만나 이야기를 나누었습니다. 한문 교사로서의 궁금함으로 아이들에게 물었습니다.

"공부하면서 한자가 도움이 되었던 적 있니?"

한 명은 평소에도 똑 부러지고 학생회 활동도 활발히 하면서 서울대 자유전공학부에 입학한 여학생이었습니다.

"한자요? 대학 입시에 영향을 직접 준다기보다 한자를 많이 알면 요즘 많이 이야기하는 '문해력'에 도움이 되는 것 같아요."

또 다른 한 명은 학교에 다닐 때도 바른 태도와 인성이 유독 눈에 띄었던 경찰대 4학년에 재학 중인 남학생이었습니다.

"저도 공감해요. 특히 저는 경찰대 1차 시험에서 직접적으로 한자에 관련된 문제들이 있어서 도움을 많이 받았어요. 그리고 경찰대 1학년 때는 법 관련 한자들은 따로 전체 시험을 봐요."

그리고 엄마의 호기심을 담아 또 질문했습니다.

"너희들 스스로 생각한 '내가 공부 잘하는 이유'는 뭐야?"

"저는 공부가 잘 안되고 스트레스받을 때마다 끊임없이 스스로 로드맵을 그리려고 했어요. '나는 무엇을 좋아하고 잘하는가? 구체적으로 어떤 직업을 가질 것인가? 그러려면 어떤 과를 가야 하지? 그것을 위해 나는 당장 무엇을 해야 하지?' 이런 질문들을 던지고 생각하고, 생각에 그치는 것이 아니라 노트에도 적으면서 저를 객관적으로 돌아보려고 했어요."

"저도 비슷해요. 시간은 없고 해야 할 것은 많으니 공부를 스스로 조절하고 제어하는 게 중요하다고 생각해요. 내가 할 수 있는 것과 없는 것을 나누고, 부족한 것을 채우기 위해 우선 공부해야 할 것들을 먼저 정하는 것이죠."

두 졸업생의 대답은 놀랍도록 메타인지와 자기주도학습의 개념과 같았습니다. 이미 이 두 친구는 최근 대두되고 있는 메타인지와 자기주도학습을 실천하고 있었던 거죠.

고교학점제에서 중요한 메타인지와 자기주도학습

메타인지란 자신의 인지 능력을 위에서 바라보며 전체적으로 관장하는 또 하나의 상위 인지 능력입니다. 공부할 때 내가 아는 것과 모르는 것을 정확히 파악하고 무엇을 먼저 해야 하는지 판단하는 것이죠. 나무만 보지 말고 숲을 보면서 전체적으로 자신의 공부를 조절하고 제어하는 것입니다. 자기주도학습은 스스로 학습의 필요와 욕구를 느끼고 학습 설계부터 실행까지 자율적으로 해나가는 능력입니다. 메타인지가 학습 내용과 관련된 것이라면 자기주도학습은 학습 태도와 관련된 것입니다. 이 때문에 이 둘은 필연적으로 서로 영향을 주고받습니다.

특히 이 2가지는 앞으로 도입될 고교학점제에서 매우 중요합니다. 고등학교 2학년부터는 교육과정이 대부분 선택과목으로 편제되어 있습니다. 자신의 진로에 맞는 과목을 직접 선택하고 시간표를 짜야 합니다. 1학년 때부터 체계적으로 자신만의 커리큘럼을 설계해야 합니다. 메타인지와 자기주도학습 능력이 부족한 학생이라면 과목 선택에 혼란을 겪고 친구 따라, 분위기 따라 이리저리 휘둘리기 쉽습니다.

초등학교에 입학하면 아이는 학생이 되고 부모는 학부모가 됩니다. 배울 학(學)이라는 글자가 앞에 붙죠. '행복한 인생을 위한 진정한 공부'도 '좋은 성적을 위한 전략적 공부'도 모두 중요해진다는 말입니다. 메타인지와 자기주도학습 능력은 전자와 후자에서 모두 큰 힘을 발휘합니다. 또한 학습 측면에서 아이에게 크고 작은 다양한 성공 경험을 만들어줍니다. 이러한 성공 경험은 아이를 자기 주도적 삶으로 이끌어줍니다.

한자를 공부하면 자기주도학습의 능률이 높아진다

한자 공부와 고전 읽기는 이런 능력을 기르는 데 도움이 됩니다.

탄탄한 어휘 실력은 자기주도학습의 기반이 됩니다. 자기주도학습을 할 때는 누군가의 설명을 듣고 공부하지 않습니다. 혼자 교과서나 참고서로 '글'을 읽고 내용을 이해하며 공부합니다. 말이 아닌 글로 공부하기 때문에 어휘력이 더욱 중요해집니다. 한자 공부는 이런 어휘 실력을 쌓는 데 필수입니다. 보통 글을 읽을 때 글 속의 어휘 70퍼센트 이상을 알고 있어야 어느 정도 내용을 이해하며 읽는다고 합니다. 그 이하는 글을 읽어도 의미를 알지 못하고 금방 흥미를 잃습니다. 모르는 어휘를 만나면 시선이 흔들리고 집중력이 분산됩니다. 사고가 마비되고 글을 끝까지 읽어내지 못합니다. '아, 나는 해도 안 되는구나' 하는 경험이 자꾸 반복되면 자존감이 낮아지고 공부 자체에 흥미를 잃습니다.

하지만 이와 반대로 한자에 대한 이해는 어휘의 뜻을 파악하는 데 많은 도움이 됩니다. 아이들이 공부하는 교과서나 참고서는 방대한 양의 정보를 정확하고 효율적으로 전달하기 위해서 함축적이고 전문적인 어휘가 많습니다. 결국 많은 한자어가 포함될 수밖에 없습니다. 한자를 공부하면 어려운 단어의 의미를 유추할 수 있어 자기주도학습의 능률이 매우 높아집니다. 어휘력이 늘면 지문을 읽는 시간을 줄일 수 있고 그만큼 문제를 빨리 풀 수 있습니다. '아, 나도 하니까 되는구나. 공부가 쉬워지네'라는 생각이 듭니다. 이처럼 한자 공부를 통한 탄탄한 어휘 실력은 자기주도학습을 가능케 하고 성취감까지 가지게 합니다.

고전을 읽으면 나를 위한 진짜 공부를 할 수 있다

아이들은 다음과 같은 과정을 통해 자율성을 길러나갑니다.

- **부모님의 보살핌에서 벗어나 자기만의 영역이 생긴다.**

→ 다양한 경험을 통해 자신만의 철학과 신념이 생긴다.

→ 자신의 가치 기준에 따라 스스로 결정을 내린다

→ 결정에 대한 책임을 진다.

이 과정에서 고전 읽기는 올바른 신념과 가치 기준을 세우는 데 도움이 됩니다. 고전을 읽는다는 것은 '내가 왜 공부를 하는가?' '공부를 통해 내가 얻고자 하는 것은 무엇인가?' '올바른 삶을 산다는 것은 무엇인가?'와 같은 철학적 질문에 대한 답을 찾아가는 과정이기 때문입니다.

子曰: 古之學者, 爲己, 今之學者, 爲人.

자왈: 고지학자, 위기, 금지학자, 위인

공자께서 말씀하셨다.

옛날에 배우는 자들은 자기를 위했는데,

지금 배우는 자들은 남을 위한다.

《논어》 헌문편에 나오는 구절입니다. 얼핏 반대로 이해하기 쉽지만 여기서 위기(爲己), '자기를 위한다'는 것은 자신의 도덕성과 성장을 위한 공부입니다. 위인(爲人), '남을 위한다'는 것은 남에게 과시하고 인정받기 위한 공부입니다. 위인지학(爲人之學)은 기준이 남에게 있습니다. 부모님이 시켜서, 좋은 직업을 가지고 돈을 많이 벌기 위해서, 남보다 우월해지기 위해 등 바깥을 향한 공부는 남에게 끌려다니게 만듭니다. 자기중심을 잃고 외부의 평가에 흔들리기 쉽습니다.

하지만 위기지학(爲己之學)은 공부의 중심을 나에게 둡니다. 스스로 배움의 즐거움을 느끼고 몰입합니다. 내가 공부하는 이유, 공부를 통해 얻고자 하는 것을 끊임없이 찾으려고 노력합니다. 내면을 향한 공부는 '자기 이해'를 높입니다. 자기 이해가 높은 아이는 나의 장단점을 파악하고 강점을 잘 활용하기 위해 노력합니다. 기준점이 나에게 있기 때문에 힘든 순간이 와도 흔들리기보다 극복하는 힘 또한 스스로 키웁니다. 단단하고 긍정적인 감정으로 내면이 가득 차야 비로소 바깥으로 향할 수 있고 그런 아이들이 타인도 더 잘 이해하고 함께 어울립니다.

서울대와 경찰대에 합격한 두 졸업생은 공부 잘하는 비법으로 '공부에 관한 통제력'과 '자기 이해'를 꼽았습니다. 이는 곧 메타인지와 자기주도학습으로 이어집니다. 이 두 능력은 자신의 공부를 조절하고 제어하며 학습 설계부터 실행까지 모두 스스로 해나가는 것을 의미합니다. 이것이 잘 된 아이는 고교학점제를 효과적으로 활용할 수 있으며 나아가 내 삶에 주도권을 가진 아이로 성장합니다.

자기주도학습은 누군가의 도움 없이 스스로 교과서와 참고서를 읽고 이해해야 합니다. 한자 공부를 통한 탄탄한 어휘 실력이 뒷받침되면 자기주도학습의 능률이 올라갑니다. 고전을 읽으면 위기지학(爲己之學) 할 수 있습니다. 내면을 향한 질문은 자기 이해를 높이고 나를 위한 진짜 공부를 할 수 있게 만들어주죠. 나를 위한 진짜 공부를 해본 아이만이 자기 주도적 삶을 살아갑니다.

문해력을 키우는 공부가 중요한 이유

최근 인식이 완전히 바뀐 것은 아니지만 확실히 '대학에 꼭 가야 한다'는 분위기는 점점 사라져가고 있습니다. 우리 아이들이 고등학교를 졸업하고 사회에 나갈 즈음에는 지금의 인식과 분위기가 더 달라져 있을 겁니다.

"자본 앞에 학벌은 더 이상 권력 획득의 기제로 작동하지 않는다."

시민단체 '학벌 없는 사회'가 2016년 자진 해산하며 선언문에 담았던 내용입니다. 명문대를 졸업해도 백수인 시대에 대학과 학벌은 더 이상 성공한 삶을 보장해주지 않습니다.

혹자는 이제 '대학'을 위한 공부가 아니라 '직업'을 위한 공부가 필요하다고 합니다. 하지만 이제 그 말도 절반은 맞고 절반은 틀렸습니다. 이제 '직'이 아니라 '업'에 집중할 때입니다. 직업(職業)이란 단어의 한자를 살펴보면 벼슬 직(職)과 일 업(業)입니다. 직(職)은 남에 의해 주어진 '자리'라는 의미가 강합니다. 직장, 직무, 직급의 직이지요. 업(業)은 일, 재주, 나만이 가지고 있는 능력을 의미합니다. 특히 코로나19 시대를 거쳐 오며 많은 사람들이 한순간에 직장에서 자리를 잃었습니다. 앞으로 평생직장이라는 개념이 아예 사라집니다. 남에 의해 주어진 자리에 연연하기보다 스스로 업(業)을 키우고 자신의 직(職)으로 삼아야 합니다. 일종의 '창직'의 시대가 된 것이죠.

세상과 상대방을 잘 읽는 소통 문해력

이제 대학을 위한 공부가 아닌 자기만의 일, 업(業)을 찾는 공부가 더욱 중요합니다. 이런 공부는 시대의 흐름을 읽는 데서 출발합니다. 앞으로 도입될 2022 개정 교육과정에서 고등학교 교육과정에 새로 생긴 과목이 바로 '융합 선택과목'입니다. 여기서 우리는 '융합'이라는 단어에 주목할 필요가 있습니다.

- **융합(融合):** 녹을 융(融), 합할 합(合). 다른 종류의 것을 녹여 하나로 합함.

융합은 종합이나 통합보다 더 진한 개념입니다. 기존의 성질을 뛰어넘어 완전히 새로운 것으로 만드는 것이죠. 이제 시대를 주도

할 새로운 업(業)은 바로, 이 융합을 잘하는 사람의 손에서 나옵니다. 융합은 일종의 '어울림'입니다. 다양한 학문과 기술, 그리고 그것을 실행하는 사람들 간의 어울림입니다. 이런 융합형 인간이 되려면 세상과 남과 소통을 잘해야 합니다. 열린 태도로 다양성을 받아들여야 함께 녹아들 수 있겠죠. 이렇게 세상과 상대방을 잘 읽고, 맥락과 흐름을 알아차리는 소통 능력이 바로 문해력입니다.

어휘는 소통 문해력의 기본 재료다

문해력이란 글을 읽고 의미를 이해하며 문제를 해결하는 기능적인 측면뿐 아니라 함축적인 의미를 파악하고 다양한 관점에서 사회를 읽는 소통의 측면도 가지고 있습니다. 그 첫 단계가 바로 어휘력입니다. 어휘는 소통의 기본 재료가 됩니다.

2022년 방영된 'EBS 당신의 문해력 플러스'에서는 우리가 무심코 썼던 표현들에 담긴 차별성에 관한 문제를 다루었습니다. 방송에 나왔던 내용들을 살펴보면 유모차나 분식회계와 같은 단어에 어떤 차별적 요소가 있는지 알려주었습니다.

'유모차'의 모는 어미 모(母)입니다. 엄마에게만 양육의 책임이 있는 것처럼 비치는 단어이지요. '유아차'라고 해야 합니다. 분식회계의 분식(粉飾)은 가루 분(粉), 꾸밀 식(飾)입니다. '화장하다' '꾸미다'라는 의미인데 자칫 긍정적인 느낌을 줄 수 있어 '회계 부정' '회계 조작'과 같은 표현으로 고쳐 써야 합니다.

우리는 누군가에게 '의사소통 능력이 뛰어나다'라고 할 때 단순히 말을 잘하는 유창성에만 초점을 두지 않습니다. 남의 말을 잘 듣고 자신의 생각을 맥락에 맞게 예의 바르게 표현하는 사람을 그렇게 평가합니다. 소통 중 발생하는 불편한 감정을 살피는 능력, 타인의 말을 경청하고 배려하는 능력, 공감을 통해 관계 형성을 잘하는 능력을 가진 사람은 긍정적인 협업 효과까지 이끌어냅니다. 이런 소통 능력은 앞으로 융합 시대를 살아갈 우리 아이들에게 더욱 중요해질 역량입니다. '학습 문해력'뿐 아니라 '소통 문해력'도 키워나가야 합니다.

한자를 공부하면 어휘 감수성이 풍부해진다

한자를 공부하면 이런 소통 문해력을 키울 수 있습니다. '어휘 감수성'이 생기기 때문이죠. 어휘 감수성이란 우리가 쓰는 어휘를 의식하고 쓰는 겁니다. 정확한 뜻을 이해하고 맥락에 맞게 어휘를 구사해야 합니다. 그래야 무심코 쓰는 표현 중에 상대방을 차별하고 불편하게 하는 표현은 없는지 알아챌 수 있겠죠. 위에서 언급한 유모차와 분식회계는 모두 한자어입니다. 한자어에 담긴 한자의 뜻을 정확히 알아야 합니다.

예를 들면 현재 사용하고 있는 '간호사'라는 용어에도 많은 변천

이 있었습니다. 처음에는 '간호부'였다가 '간호원', 그리고 오늘날 '간호사'가 되었습니다. 간호부, 간호원, 간호사는 어떤 차이가 있을까요? 바로 부(婦), 원(員), 사(師)라는 한자의 뜻과 그 글자가 가지는 사회적 의미에 차이가 있습니다. 아내 부(婦)는 '여자'를 나타냅니다. 초기의 간호부라는 명칭은 간호의 업무를 여자로만 한정했습니다. 그러다가 부(婦) 대신 원(員)을 붙였는데 인원 원(員)은 '사람'이라는 뜻입니다. 그 뒤 간호 업무의 전문성을 나타낼 수 있도록 원(員) 대신 사(師)를 붙였습니다. 스승 사(師)는 '전문적인 기예를 가진 사람'을 일컫는 한자입니다. 이처럼 한자 한 글자를 통해 그 직업에 대한 사람들의 인식을 변화시킬 수도 있고 시대상을 반영할 수도 있습니다.

한자는 '뜻글자'입니다. 하나의 글자가 뜻을 담고 있기 때문에 글자 하나로도 큰 의미 차이를 만들어냅니다. 한글로만 표기했을 때는 미처 알지 못했던 깊고 정확한 뜻을 한자로 풀이하면서 알게 됩니다. 한자를 공부하면 단어를 의식해서 사용하게 되고 어휘 감수성이 풍부해집니다.

'말에는 그 사람이 담긴다'고 합니다. 어릴 때부터 한자어에 관심을 가지면 '여기에는 어떤 한자가 쓰였을까?' 하고 생각하고 자꾸 의미를 의식하며 어휘를 사용하게 됩니다. 이는 학습에 도움이 될 뿐 아니라 남을 배려하고 존중하는 언어생활을 가능케 하지요. 소통 능력이 뛰어난 사람은 여러 사람들과 협업이 원활하고 그만큼 일에서도 성공할 확률이 높습니다.

예전에는 연예인도 무조건 대학에 진학할 만큼 누구나 대학 졸업장을 따야 한다는 사회적 분위기가 있었습니다. 하지만 지금은 그런 인식과 분위기가 많이 달라졌습니다. 대학이나 학벌이 과거만큼 인생의 성공을 보장해주지 않습니다. 대학이 아닌 '업(業)', 자기만의 능력을 찾는 공부가 더욱 중요합니다.

이렇게 변해가는 시대에 우리 아이들에게 필요한 능력은 '소통'입니다. 소통 능력은 문해력과도 관련이 깊습니다. 글이나 말에 담긴 함축적 의미를 잘 파악하고 다양한 관점에서 이해하는 것도 문해력을 통해 길러집니다. 일종의 소통 문해력입니다.

한자를 공부하면 어휘 감수성이 풍부해집니다. 한자는 뜻글자입니다. 한 글자마다 깊은 의미가 담겨 있지요. 이렇게 한 글자라도 의미를 이해하려 할 때 우리가 무심코 썼던 말들에 상대방을 차별하고 비하하는 표현들이 있음을 알아차릴 수 있습니다. 어휘 감수성이 풍부해지면 자신의 생각을 정확히 전달하고, 남을 배려하며 존중하는 언어생활을 할 수 있습니다. 어휘 감수성이 풍부하면 소통 문해력도 높아집니다. 문해력은 비단 학습에만 영향을 끼치지 않습니다. 평생에 걸쳐 필요한 생존 능력입니다.

대학을 위한 공부보다 문해력을 키우는 공부가 더 중요합니다.

AI를 이기는 인재가 되려면

2022년 12월, 챗GPT의 등장은 놀라움 그 자체였습니다. '그게 과연 뭘까?' 궁금해서 저도 직접 이용해보았습니다. 마치 정말 누군가와 글로 대화를 나누듯이 차례차례 써지는 답변들이 신기했습니다. 하지만 신기함도 잠시 저는 오히려 두려움을 느꼈습니다.

'이런 것까지 가능하다고? 우리 이제 어떡하지?'

챗GPT는 다양한 분야에 대해 자세하게 답변할 수 있을 뿐 아니라 완성도 높은 한 편의 글도 써냅니다. 단순한 지식뿐 아니라 요약, 해석, 비판 등을 요구하는 질문에도 답을 할 수 있습니다. 최근에는 챗GPT가 원고를 쓰고 AI 파파고가 번역한 책도 출간되었습니다. 미국 로스쿨과 의사면허 시험에도 합격했다고 합니다. 이제 웬만한 인간보다 높은 지식 수준을 가지고 있으며 글도 잘 쓰는 인공지능에 우리 인간은 대체될 수밖에 없는 걸까요? 두려움을 너머 공포감 마저 들었습니다.

기술의 발전은 우리의 생각보다 빠릅니다. 그런 기술이 우리의 일상으로 파고드는 속도는 더 빠릅니다. 지금 우리가 제2의 장기처럼 지니고 다니는 스마트폰이 출시된 해가 2007년입니다. 20년도 채 되지 않아 우리의 일상을 송두리째 바꾸어놓았죠. 지금까지 일어난 10년 동안의 변화가 앞으로는 1~2년 안에 일어날 만큼 그 속도는 예측하기 힘듭니다.

하지만 이런 혼란스러운 시대에 그저 두려움만 느끼고 있을 순 없습니다. 챗GPT 같은 인공지능을 통해 앞으로 사회는 어떻게 달라질지, 이런 시대에 우리 아이들을 위해 필요한 교육은 무엇일지 깊이 고민해봐야 합니다. 우리는 부모이니까요.

변하지 않는 가치, 인간다움에 집중하라

한 강연장에서 카이스트 정재승 교수에게 어떤 학부모가 손을 들어 질문했습니다.

"인공지능 시대에 우리 아이 코딩 교육을 해야 할까요?"

과학자로서 '당연히 코딩 교육을 해야 한다'라고 답할 줄 알았는데 그의 대답은 사뭇 달랐습니다.

"중요한 것은 컴퓨터 프로그래밍 언어를 배우는 것이 아니라, 스스로가 상상하는 것을 구현할 수 있는지, 없는지의 여부입니다. 인공지능 시대는 자동화의 위험성에 노출된 직업군 자체가 사라집니다. 무얼 하더라도 적응할 수 있는 창의적인 인간을 만들어야 합니다."

정재승 교수의 대답을 통해 앞으로 교육이 나아가야 할 방향을 엿볼 수 있었습니다. 아이에게 신기술을 배우게 할 것이냐 말 것이냐는 중요하지 않습니다. 빠르게 변화하는 기술을 뒤에서 쫓아가면 영원히 따라잡을 수 없습니다. 결국 또 새로운 기술이 등장합니다. 어떤 시대가 오더라도 그 사회에 잘 적응하는 인재가 되려면 변하지 않는 가치에 집중해야 합니다. 그런 가치가 결국 새로운 기술을 창조해내니까요.

그렇다면 변하지 않는 가치란 무엇일까요?

"과거의 일이 '근육'과 관계가 있었다면 요즘의 일은 '두뇌'와 관계가 있다. 미래의 일은 '심장'과 관계가 있을 것이다."

전 런던 정치경제대학교 학장인 미노체 샤피크의 말입니다. 여기서 '심장'이 뜻하는 것은 '인간의 감성'입니다. 인간의 감성을 극대화하는 일은 바로 우리 사람만이 할 수 있는 일입니다. 인간의 감성을 움직이기 위해서는 '인간에 대한 관찰과 관심'이 필요합니다. 기술도 결국 사람을 향합니다. 사람에 '의해' 만들어지고 사람을 '위해' 만들어지죠. 변하지 않는 가치란 바로 '인간다움'입니다. 새로운 기술은 언제나 인간과 사회에 대한 이해를 바탕으로 만들어져야 합니다. 챗GPT의 등장으로 당장 저작권과 콘텐츠의 진실성 문제가 대두되었습니다. 새로운 기술의 발달과 함께 새로운 윤리적 논의가 필요합니다. 미래 사회에 대비하기 위해 우리 아이들은 인간에 대해 더 깊이 공부해야 합니다.

고전을 읽는다는 것, 인간에 대해 공부하는 것

고전을 읽는 것이 곧 인간에 대한 공부입니다. 오랜 인류의 경험이 쌓이고 쌓여 한 권의 책이 됩니다. 고전은 그 많고 많은 책 중에서 살아남아 인공지능 시대를 살아가는 우리 앞까지 온 책입니다. 수천 년 전의 인류도 지금과 크게 다르지 않았습니다. 지금처럼 권력과 부귀를 욕심내며 싸웠습니다. 그러면서도 정의롭지 못한 일 앞에서는 망설였고 올바른 삶에 대해 고민했습니다.

오늘 점심시간에 고기가 나온다며 수업 시간 내내 즐거워하는 아이들을 보면서 아마 수천 년 전의 아이들도 똑같지 않았을까 생각했습니다. 맛있는 음식을 먹으며 행복을 느끼고 길거리에서 다친 동물들을 보면 측은함을 느끼는 모습 또한 그럴 겁니다. 인간이 가지는 기본적인 욕구와 고민, 행복과 같은 감정들은 수천 년이 지나도 아마 인류가 살아있다면 변하지 않을 겁니다.

특히 동양 고전은 우리 사회에서 오랫동안 중요하다고 여겨지는 가치들에 대한 이야기를 담고 있습니다. 불확실한 미래에 기준점이 되어줍니다. 아무리 좋은 기술이라도 인간의 가치를 살리지 못한다면 그 기술은 폐기되고 맙니다. 동양 고전은 사회에서 맺는 다양한 인간관계, 관계에서 지켜야 할 덕목, 추구해야 할 가치들에 대해 성현들이 치열하게 생각하고 대화한 기록입니다. 한자로 된 오랜 글들이 오늘날에도 여전히 생명력을 가지는 것은 변하지 않는 가치에 대해 이야기하기 때문이겠죠.

廐焚, 子退朝, 曰: "傷人乎?" 不問馬.

구분, 자퇴조, 왈: "상인호?" 불문마

마구간에 불이 났다.

공자께서 조정에서 물러 나와 말씀하셨다.

사람이 다쳤는가? 그러고는 말에 대해서는 묻지 않았다.

《논어》 향당편에 나오는 구절입니다. 어떻게 보면 매우 평범한 일화인데 제자들은 왜 공자의 이런 언행을 기록해두었을까요? 당시 마구간에 불이 났다는 것은 엄청난 재산상의 손실이었을 겁니다. 하지만 공자는 사람에 대해서만 물었습니다. 먼저 물었지요. 현재를 살아가는 우리도 '사람'에 대해 물어야 합니다. 기술 발전에 매몰되기보다 사람을 먼저 살펴야 합니다. 사람은 사람에게서 위안을 얻습니다.

子曰: 不曰如之何如之何者, 吾末如之何也已矣

자왈: 불왈여지하여지하자, 오미여지하야이의

"어떻게 할까? 어떻게 할까?"라고

말하지 않는 사람은 나도 어떻게 하지 못한다.

《논어》 위령공편에 나오는 구절입니다. '어떻게 할까?'는 스스로 생각하고 고민하는 과정입니다. 이런 노력과 과정이 없는 사람은 최고의 스승인 공자도 어떻게 해줄 수 없다고 말합니다. 챗GPT는 기존의 빅데이터를 잘 편집하고 가공해서 그럴듯한 답변을 내놓을 뿐입니다. 거기에 자신만의 새로운 의견이나 통찰력을 담아내지는 못합니다. 하지만 사람은 '어떻게 할까?'라는 사고의 과정을 거칠 수 있는 유일한 존재입니다. 사고의 과정을 거쳐야만 새로움을 창조해 낼 수 있습니다. 인간이란 무단횡단을 하면서도 길거리에 버려진 쓰레기를 줍는 존재라고 합니다. 즉 인간이란 복잡하고 미묘한 존재이지요. 이 복잡 미묘한 존재에 대한 이해와 고민 없는 기술 발전은 의미가 없습니다.

고전은 수천 년 인류의 경험과 성현들의 생각이 응축되어 있는 책입니다. 오랜 세월에도 변함없이 거쳐온 관통된 하나의 가치를 가지고 있지요. 고전을 읽는 것 그 자체가 '인간다움에 대해 고민하는 일'입니다. 특히 동양 고전은 우리 사회가 추구하는 변하지 않는 가치들에 대해 이야기하고 있습니다. 하지만 동양 고전은 한자로 쓰여 있습니다. 이런 고전의 내용을 새로운 생각과 연결하려면 '한자'라는 도구가 필요합니다. 한자 공부는 고전 속 구절들의 의미를 더 깊이 있게 이해할 수 있는 일종의 '고전 돋보기' 역할을 합니다.

시대를 뒤쫓아가기만 하면 영원히 따라갈 수 없습니다. 챗GPT의 등장처럼 빠른 발전 속도에 두려움만 느낄 뿐이죠. 인공지능을 이기는 인재가 되려면 새로운 기술을 앞에서 이끄는 사람이 되어야 합니다. 인간다움에 대해 치열하게 고민하는 아이만이 다가올 미래 사회를 이끌어갑니다. 이것이 인공지능 시대에도 우리 아이들이 고전을 읽고 한자를 공부해야 하는 이유입니다.

챗GPT 시대, 인공지능을 이기는 인재가 되려면 한자를 공부해야 합니다.

부록
1

엄마들이 가장 궁금해하는 초등 한자 공부 Q&A

Q1. 한자 급수 시험 꼭 필요한가요?

한자 급수 시험에 대한 부정적 시각도 있지만, 급수 시험 자체는 나쁠 게 없습니다. 우리가 다른 어학을 공부할 때도 공인된 시험을 많이 보지요. 내 수준이 어디쯤인지 확인하고 싶기 때문입니다. 아마 한자를 공부하는 아이들도 마찬가지일 거예요. 확실한 목표를 가지고 정해진 조건에서 시험을 보고 급수를 획득하는 일은 그 자체가 아이에게 소중한 경험이자 동기부여가 됩니다. 하지만 한자 공부를 급수 시험만을 위해서 하는 것은 문제입니다. 아이의 한자 실력을 확인하는 용도로만 활용하세요. 급수 시험을 위해 낱글자 중심의 획수 외우기, 부수 찾기 등 쓰기나 암기 위주의 공부가 되어서는 안 됩니다.

Q2. 교재가 다양한데 어떻게 고르나요?

최근 문해력이 주목받으면서 한자 관련 교재도 정말 많이 출간되었습니다. 어떤 교재를 골라서 공부해야 할지 혼란스러워요. 아이의 수준과 성향을 잘 고려해야 합니다.

처음 한자를 시작하거나 아직 어려워하는 아이는 그림 자료가 풍부한 교재를 골라주세요. 한자 쓰기가 너무 많지 않으면서 얇은 교재를 선택해 한자에 대한 흥미를 높여주는 것이 먼저입니다. 그다음 단순히 한자만 제시된 것이 아닌 배운 한자를 활용한 어휘가 풍부하게 구성된 책이 좋습니다. 문제 유형이 다양하면 지루하지 않게 배운 한자를 확인해볼 수 있습니다.

최근에는 교과서 어휘를 중심으로 공부할 수 있도록 학년별, 과목별로 어휘를 분류한 교재들도 많습니다. 이때 한자를 병기하여 한자의 뜻, 음으로 상세하게 설명해놓은 교재를 선택합니다. 이렇

〈한자 학습 추천 교재〉

한자를 낱글자로 학습하는 교재	《하루 한장 한자》 미래엔 《똑똑한 하루 한자》 천재교육 《우공비 일일 한자》 좋은책신사고
한자를 중심으로 어휘력을 키우는 교재	《완자 공부력 초등 전과목 한자 어휘》 비상교육 《뿌리 깊은 초등국어 한자》 마더텅 《EBS 어휘가 문해력이다》 한국교육방송공사
지문을 중심으로 독해력을 키우는 교재	《빠작 초등 국어 어휘 X 독해》 동아출판 《EBS 어휘가 독해다》 한국교육방송공사

게 공부하면 아이들이 어휘를 직관적으로 이해하며 동시에 한자를 자연스럽게 익히는 데도 도움이 됩니다. 한자 어휘에 자신감이 붙은 학생은 여기서 더 나아가 긴 지문이 함께 제시되어 독해력을 기르고 한자성어도 공부할 수 있는 교재가 좋습니다.

Q3. 한자 쓰기 꼭 해야 할까요?

한자를 외우기 위해서 무작정 열 번, 스무 번씩 쓴다면 아이에게 '한자 공부는 손이 아프다'라는 부정적 감정밖에 남지 않습니다. 그렇다고 '한자 쓰기'에 전혀 의미가 없는 것은 아닙니다. 한자는 모양, 뜻, 음 이 3가지가 하나의 글자를 이루고 있는 문자예요. 한자를 써보면 한자의 모양을 확실히 구분할 수 있고 훨씬 눈에 잘 들어옵니다.

한자를 써보는 경험 자체가 중요합니다. 학교에서도 처음에 한자를 그리는 수준의 아이들이 쓰기 연습을 한 달만 해도 놀랍도록 한자를 능숙하게 씁니다. 한자를 쓸 때 처음에는 되도록 6칸이나 8칸짜리 노트를 준비해 크게 쓰도록 해주세요. 쓰는 칸에는 점선이 있는 게 좋아요. 영역 안에 균형을 맞춰 바르게 쓸 수 있습니다. 이렇게 한자를 써보면 획이나 모양에 대한 감각이 생기기 때문에 처음 보는 한자들도 그리는 수준을 벗어나 잘 쓸 수 있게 돼요. 한자의 모양에 대한 이해가 있으면 하나의 한자를 통해 다른 한자들도 쉽게 익혀나갈 수 있습니다. 그래서 저는 3번씩은 써보라고 제안합니다. 한자 쓰기 3번 정도면 충분합니다.

Q4. 한자 공부와 한자어 공부는 다른가요?

그동안의 한자 교육은 주로 낱글자를 쓰고 암기하는 식으로 이루어졌습니다. 그래서 많은 아이들이 한자를 쓰고 외우기만 하다가 지쳐버리고 실제 언어생활에 연결되지 못했어요. 한자 공부는 낱글자 학습에서 한자 어휘로 확대해나가는 방향이 맞습니다. 이 두 개는 별개가 아닙니다. 한자어는 결국 한자를 기반으로 만들어진 말입니다. 한자에 대한 이해가 있어야 한자어를 이해할 수 있어요. 한자 낱글자를 알아서 한자 어휘를 알 수도 있고, 한자 어휘를 통해서 한자 낱글자를 배울 수도 있습니다.

Q5. 학습만화로 한자를 공부해도 될까요?

《마법 천자문》뿐만 아니라 최근에는 《신비아파트 한자 귀신》처럼 스토리텔링으로 한자를 제시해 학습할 수 있도록 만든 만화들이 많습니다. 실제로 많은 아이들이 학습만화로 한자에 대해 관심을 가지기 시작해요. 중학교에서도 수업을 하다 보면 "이 한자 초등학교 때 《마법 천자문》에서 봤어요"라고 대답하는 경우가 종종 있습니다. 그만큼 학습 효과도 있다는 것이지요.

즉, 학습만화로 한자 공부에 재미를 느끼게 하는 것은 좋습니다. 다만 단순히 흥미 위주의 일회성으로 끝나서는 안 됩니다. 이런 관심과 흥미가 확대되어 어휘 학습, 고전 읽기로 이어질 수 있도록 다른 양질의 책들로도 유도해줄 필요가 있습니다.

Q6. 중·고등학생 때 한자를 시작해도 될까요?

초등학교 때 한자 공부를 별로 하지 않았다고 이미 늦었다고 생각하지 않으셔도 됩니다. 중·고등학교 때도 충분히 한자 공부를 시작할 수 있습니다. 다만 방법이 약간 달라집니다. 초등학생이 한자 → 어휘 → 고전 순으로 한자 공부를 해나간다면, 중·고등학생은 이걸 역순으로 해보는 겁니다. 낱글자부터 차분히 단계를 밟아나가기에는 시간적 여유가 별로 없기도 하고, 이미 익숙한 한자어들도 어느 정도 있기 때문에 어휘나 고전을 통해서 낱글자의 의미를 알아가는 방법이 더욱 효율적입니다.

중학생이라면 교과서 속 개념어를 한자로 풀어보는 연습을 합니다. 이때 앞서 언급한 속뜻사전을 활용하면 좋습니다. 어휘 속 자주 나오는 한자는 따로 정리하면서 한자를 공부하는 것이지요. 고등학생이라면 모의고사나 수능 국어영역의 지문을 활용합니다. 문제를 풀면서 몰랐던 어휘는 따로 정리해두고, 어휘 속에 들어간 한자의 뜻, 음을 살펴보면서 한자 공부를 하는 것이지요.

부록
2

초등 필수 한자 300

1. 우선 학습 한자 50

교육부가 선정한 중·고등학교 교육용 한자 1800자를 기준으로, 총 214자의 부수 중에서 다른 한자와 결합하여 가장 많이 쓰이는 한자로 선정하였습니다.

水	人	心	手	木
물 **수**	사람 **인**	마음 **심**	손 **수**	나무 **목**
言	口	日	土	貝
말씀 **언**	입 **구**	해 **일**	흙 **토**	조개 **패**
女	刀	肉	火	金
여자 **녀**	칼 **도**	고기 **육**	불 **화**	쇠 **금**

禾	竹	力	大	示
벼 **화**	대나무 **죽**	힘 **력**	큰 **대**	보일 **시**
田	目	衣	車	一
밭 **전**	눈 **목**	옷 **의**	수레 **거**	하나 **일**
犬	雨	邑	子	十
개 **견**	비 **우**	고을 **읍**	아들 **자**	열 **십**
寸	玉	耳	食	弓
마디 **촌**	구슬 **옥**	귀 **이**	먹을 **식**	활 **궁**
山	石	門	又	曰
산 **산**	돌 **석**	문 **문**	또 **우**	말할 **왈**
月	足	馬	乙	方
달 **월**	발 **족**	말 **마**	새 **을**	네모 **방**
立	米	走	工	斤
설 **립**	쌀 **미**	달릴 **주**	장인 **공**	도끼 **근**

2. 생활 기초 한자 100

생활 속 어휘에 자주 사용되는 한자, 직관적으로 이미지를 떠올릴 수 있는 뜻을 가진 한자 위주로 아이들과 밀접한 14개의 주제별로 선정하였습니다. 총 125자 중 25자는 우선 학습 한자와 중복됩니다.

숫자	一	二	三	四
	하나 **일**	둘 **이**	석 **삼**	넉 **사**
五	六	七	八	九
다섯 **오**	여섯 **육**	일곱 **칠**	여덟 **팔**	아홉 **구**
十	百	千	사람 가족	父
열 **십**	일백 **백**	일천 **천**		아버지 **부**
母	兄	弟	男	女
어머니 **모**	형 **형**	아우 **제**	사내 **남**	여자 **녀**
老	孝	寸	主	요일
늙을 **로**	효도 **효**	마디 **촌**	주인 **주**	
月	火	水	木	金
달 **월**	불 **화**	물 **수**	나무 **목**	쇠 **금**
土	日	방향 위치 크기	大	中
흙 **토**	해 **일**		큰 **대**	가운데 **중**
小	內	外	上	下
작을 **소**	안 **내**	바깥 **외**	위 **상**	아래 **하**

長	左	右	多	少
길 **장**	왼 **좌**	오른 **우**	많을 **다**	적을 **소**
東	西	南	北	先
동녘 **동**	서녘 **서**	남녘 **남**	북녘 **북**	먼저 **선**
前	後	高	자연 날씨	天
앞 **전**	뒤 **후**	높을 **고**		하늘 **천**
地	川	江	山	海
땅 **지**	내 **천**	강 **강**	산 **산**	바다 **해**
林	草	花	雨	風
수풀 **림**	풀 **초**	꽃 **화**	비 **우**	바람 **풍**
果	氣	光	雪	雲
열매 **과**	기운 **기**	빛 **광**	눈 **설**	구름 **운**
신체	心	足	手	口
	마음 **심**	발 **족**	손 **수**	입 **구**
目	身	自	面	骨
눈 **목**	몸 **신**	스스로 **자**	얼굴 **면**	뼈 **골**
시간	時	春	夏	秋
	때 **시**	봄 **춘**	여름 **하**	가을 **추**
冬	午	夕	年	今
겨울 **동**	낮 **오**	저녁 **석**	해 **년**	이제 **금**
동물	犬	馬	牛	鳥
	개 **견**	말 **마**	소 **우**	새 **조**

魚	貝	羊	색깔	色
물고기 **어**	조개 **패**	양 **양**		빛 **색**
白	青	赤	사물	車
흰 **백**	푸를 **청**	붉을 **적**		수레 **거**
衣	家	동작	食	來
옷 **의**	집 **가**		먹을 **식**	올 **래**
去	休	行	出	入
갈 **거**	쉴 **휴**	다닐 **행**	날 **출**	들 **입**
立	상태	生	有	無
설 **립**		날 **생**	있을 **유**	없을 **무**
不	正	同	本	末
아니 **불**	바를 **정**	같을 **동**	근본 **본**	끝 **말**
樂	사는 곳	里	洞	國
즐거울 **락**		마을 **리**	마을 **동**	나라 **국**
世	市	民	배움	文
세상 **세**	시장 **시**	백성 **민**		글 **문**
字	學	校	名	
글자 **자**	배울 **학**	학교 **교**	이름 **명**	

3. 교과 기초 한자 150

교과서 어휘를 이해하는 데 도움이 되도록 5, 6학년 교과서 개념어 속 한자를 중심으로 과목별로 한자를 선정했습니다.

국어	感	擧	結	共
	느낄 **감**	들 **거**	맺을 **결**	함께 **공**
觀	求	根	記	答
볼 **관**	구할 **구**	뿌리 **근**	기록할 **기**	대답할 **답**
對	道	得	論	利
대할 **대**	길 **도**	얻을 **득**	논할 **론**	이로울 **리**
問	發	分	事	想
물을 **문**	필 **발**	나눌 **분**	일 **사**	생각 **상**
說	成	性	所	信
말씀 **설**	이룰 **성**	성품 **성**	바 **소**	믿을 **신**
語	要	容	義	議
말씀 **어**	중요할 **요**	얼굴 **용**	옳을 **의**	의논할 **의**
意	作	章	再	的
뜻 **의**	지을 **작**	글 **장**	다시 **재**	과녁 **적**
助	造	知	直	推
도울 **조**	지을 **조**	알 **지**	곧을 **직**	밀 **추**
解	形	呼	話	수학
풀 **해**	모양 **형**	부를 **호**	말씀 **화**	

角	間	開	計	公
뿔 **각**	사이 **간**	열 **개**	셀 **계**	공평할 **공**
空	過	旣	良	量
빌 **공**	지날 **과**	이미 **기**	좋을 **량**	헤아릴 **량**
率	理	滿	每	未
비율 **률**	이치 **리**	가득할 **만**	매양 **매**	아닐 **미**
密	反	比	算	消
빽빽할 **밀**	돌이킬 **반**	견줄 **비**	셈 **산**	사라질 **소**
數	實	約	以	展
셈 **수**	열매 **실**	맺을 **약**	써 **이**	펼 **전**
重	最	表	合	號
무거울 **중**	가장 **최**	겉 **표**	합할 **합**	이름 **호**
사회	改	輕	經	教
	고칠 **개**	가벼울 **경**	경서 **경**	가르칠 **교**
交	權	難	代	圖
사귈 **교**	권세 **권**	어려울 **난**	대신 **대**	그림 **도**
獨	等	勞	買	明
홀로 **독**	무리 **등**	수고로울 **로**	팔 **매**	밝을 **명**
命	物	保	夫	富
목숨 **명**	물건 **물**	지킬 **보**	지아비 **부**	부유할 **부**
備	貧	私	産	商
갖출 **비**	가난할 **빈**	사사로울 **사**	낳을 **산**	장사 **상**

線	新	安	業	用
줄 **선**	새로울 **신**	편안할 **안**	일 **업**	쓸 **용**
位	遺	育	財	敵
자리 **위**	남길 **유**	기를 **육**	재물 **재**	대적할 **적**
戰	全	政	定	存
싸움 **전**	온전할 **전**	정사 **정**	정할 **정**	있을 **존**
住	進	集	治	寒
살 **주**	나아갈 **진**	모을 **집**	다스릴 **치**	찰 **한**
貨	會	回	과학	加
재물 **화**	모일 **회**	돌 **회**		더할 **가**
假	界	考	固	球
거짓 **가**	지경 **계**	생각할 **고**	굳을 **고**	공 **구**
近	期	度	動	冷
가까울 **근**	기약할 **기**	법도 **도**	움직일 **동**	찰 **랭**
路	綠	流	防	星
길 **로**	푸를 **록**	흐를 **류**	막을 **방**	별 **성**
素	速	壓	陽	熱
바탕 **소**	빠를 **속**	누를 **압**	볕 **양**	더울 **열**
溫	原	陰	場	電
따뜻할 **온**	근원 **원**	그늘 **음**	마당 **장**	번개 **전**
指	體	致	化	
가리킬 **지**	몸 **체**	이를 **치**	될 **화**	